中国稀土学会科普丛书

走进稀土世界

李良才　编著

北　京
冶 金 工 业 出 版 社
2024

内容提要

本书分8章，分别介绍了稀土的基本知识、稀土元素的发现简史、稀土资源、稀土冶炼、稀土在工业方面的应用、稀土新材料在高科技领域的应用及各单一稀土元素的特殊应用等。

本书可供对稀土知识感兴趣的广大读者阅读。

图书在版编目(CIP)数据

走进稀土世界/李良才编著.—北京：冶金工业出版社，2024.1
(中国稀土学会科普丛书)
ISBN 978-7-5024-9670-8

Ⅰ.①走… Ⅱ.①李… Ⅲ.①稀土族—普及读物 Ⅳ.①O614.33-49

中国国家版本馆CIP数据核字(2023)第216208号

走进稀土世界

出版发行	冶金工业出版社	**电　　话**	(010)64027926
地　　址	北京市东城区嵩祝院北巷39号	**邮　　编**	100009
网　　址	www.mip1953.com	**电子信箱**	service@mip1953.com

责任编辑 张熙莹 美术编辑 彭子赫 版式设计 郑小利
责任校对 范天娇 李 娜 责任印制 禹 蕊
北京博海升彩色印刷有限公司印刷
2024年1月第1版，2024年1月第1次印刷
710mm×1000mm 1/16；10.25印张；196千字；149页
定价 59.00元

投稿电话 (010)64027932 投稿信箱 tougao@cnmip.com.cn
营销中心电话 (010)64044283
冶金工业出版社天猫旗舰店 yjgycbs.tmall.com
(本书如有印装质量问题，本社营销中心负责退换)

序

人类发现稀土已有200多年的历史，在前150年对稀土的认识比较粗浅，稀土并没有得到广泛应用。随着对稀土认识逐步加深，发现稀土元素和化合物特有的结构可带来一系列特殊的光、电、磁、热等特性，稀土的应用范围逐渐拓宽，稀土也因此被誉为“工业黄金”和“21世纪新材料的宝库”，被广泛应用于国民经济和先进制造业的各个领域，如电子、通信、照明、医疗、新能源、生物工程、新能源汽车和节能环保等。稀土在航空、航天、舰船、大数据、信息技术和人工智能等领域也具有重要应用，是支撑战略性新兴产业发展的关键原材料。重视稀土的战略价值和高端应用，已成为各发达国家和经济体的共识。

我国是稀土资源大国，稀土资源从数量到品种，都具有领先世界的优势，轻、重稀土储量均位居世界第一。同时，我国稀土产业链完整，覆盖采选、冶炼、分离、材料及深加工等环节，是全球唯一具备稀土全产业链各类产品生产能力的国家，稀土产品生产规模、消费量、出口量均居世界第一。然而，我国稀土基础理论研究及高端稀土材料开发与应用，与国际先进水平仍有差距。总体上看，稀土地质、采选、冶炼技术处于领跑地位，稀土材料方面大部分处于并跑，少部分领跑，稀土材料高端应用基本处于跟跑状态，差距较大。目前我国已是稀土大国，但还不是稀土强国，在核心专利拥有量、高端装备、高附加值产品、高新技术领域应用等方面仍需努力。

习近平总书记指出：稀土是重要的战略资源，也是不可再生资源。要加大科技创新工作力度，不断提高开发利用的技术水平，延伸产业链，提高附加值，加强项目环境保护，实现绿色发展、可持续发展。为了保护稀土资源、提升产业竞争力，我国政府出台了一系列政策措施，加强稀土资源管理和环境保护，推动稀土产业转型升级，实现绿色、低碳、智能化发展，加快新材料产业关键核心技术的创新应用，培育壮大产业发展新动能，构建一批各具特色、优势互补、结构合理的战略性新兴产业增长引擎。“十四五”时期是稀土产业处于创新驱动高质量发展新阶段的重要机遇期，而稀土新材料作为我国最具资源特色的关键材料之一，必将发挥难以替代的重要作用。主动融入国家战略和地区发展思维，实现稀土产业高质量发展，比以往任何时候都更加需要强劲的创新发展引领作用。

稀土事业的发展离不开科学普及工作的推动。中国稀土学会（以下简称学会）是我国稀土业界组织健全、学科分布广泛、具有显著影响力的学术团体。为加快稀土产业转型升级，推动稀土科技和产业高质量发展，提高全民科学素养和创新能力，学会围绕《全民科学素质行动规划纲要（2021—2035年）》广泛开展科普活动，举办稀土科普知识讲座，编写稀土科普书籍，为大众提供优质的科普服务，同时借助微信公众号、学会官网等平台普及稀土科学知识，补齐公众对稀土科学知识认知短板，提高公民科学素质。

为进一步扩大稀土科普传播范围，学会特别邀请李良才先生编撰“中国稀土学会科普丛书”的第一本《走进稀土世界》，系统地梳理稀土的发现史，阐述稀土的概念及性质，明确稀土在世界上和我国的赋存情况，介绍稀土开采、选冶分离到稀土产品制备的过程，较全面地展示稀土在高技术产业、国防军工、日常生活中的重要应用。丛书将陆续编写三个版本，即普及版、专业版和青少年版，《走进稀土世界》是普及版。

科普工作的核心是科学素养的提升、科学文化与传统的养成与进步，因而是一项“润物细无声”的浩繁而重要的工程。通过出版“中国稀土学会科普丛书”及开展各种科普活动，有助于帮助大众认识稀土、了解稀土，提高大众对稀土重要性的认识，起到传播科学知识、普及科学理念、传承科学精神及激发科学理想的作用，对稀土知识的普及、科技人才的培养具有深远的意义。

本书作者李良才高工在包头稀土研究院从事稀土冶金研究工作多年，先后从事白云鄂博混合型稀土矿和四川氟碳铈矿中稀土提取及稀土化合物制备等研究工作，获冶金工业部科研成果三等奖3项和技术进步奖二等奖1项，获授权中国发明专利3项，这些成果和专利技术全部在实际生产中推广应用；发表论文20余篇，其中一篇在国际稀土会议上宣读；编著出版的《稀土提取及分离》一书，是他多年工作成果的总结，现已成为稀土科研工作者学习和掌握稀土湿法冶金的必备读物之一；参与了由徐光宪主编的《稀土》（1995年版）和由马鹏起等主编的《中国稀土强国之梦》（2017年版）等著作的编写工作，他对稀土选冶和应用有较深刻的领悟。李良才高工带病投入本书编写，认真搜集资料，精心谋篇布局，几度修改，日臻完善，历时两年，终于付梓。这种对稀土事业的挚爱和对科普工作的付出值得赞赏。

中国稀土学会理事长 李波

2023年12月

前　　言

人类生活的世界有形形色色的事物和现象，其中，有些是人们所熟知的，有些是未知的，还有些是一知半解的。正如本书所介绍的稀土，好奇的人们总是有很多疑惑、不解和期待。本书把稀土科学知识生动有趣地展示给读者，让读者在畅快阅读中收获这些鲜活的知识。

稀土元素是钪、钇和镧系共17个元素的总称。由于稀土元素特殊的电子层结构，使其有着优异的光、电、磁等特性，在传统的工农业、军事领域、新功能材料及高新技术中具有“点石成金”的作用，被誉为新材料的“宝库”和现代工业的“维生素”，被许多国家列为战略元素。

物有甘苦，尝之者识；道有夷险，履之者知。编写本书的目的在于引导读者，特别是广大青年更好地认识和了解稀土，熟知当前的稀土开发现状和稀土科研的创新成果，增强开发高新技术的意识和创新精神。

本书就像一位向导带领读者踏上充满好奇心的稀土之旅，走进神奇的稀土世界，领略异彩纷呈的稀土风采，感知和领悟奇妙的稀土魅力，目睹稀土在现代高新科技中的精彩表现，享受稀土给人类带来的美好生活，感受非同一般的阅读体验，找到一把打开稀土学习之门的金钥匙。

本书作为一本稀土元素的科普读物，集知识性、科学性和趣味性于一体，尽力避免生僻的概念和高深的理论描述，用简明的语言，从多视角、多层次、全方位介绍了稀土元素的基本知识、特性及其发现历史，并阐述了稀土资源的开发和列举了每一个稀土元素从平凡到离奇的迷人用途。以此引导青年读者畅想未来，点燃理想的明灯和希望的火花，积极投身于稀土事业，与广大读者共同探索稀土的魔幻世界。

本书内容深入浅出，系统完整，既有详尽的史料，又收录了最新的科技研究成果，兼备可读性和学术性，可满足所有为稀土之美所吸引的人们学习与参考。

本书的出版得到了中国稀土学会的资助，同时，在我涉足科普工作的过程中得到了中国稀土学会和中国稀土学会原副秘书长张安文先生及很多朋友的关心、支持、帮助和鼓励，在此一并表示衷心的感谢。

由于作者水平有限，本书不足之处，敬请读者批评指正。

作　者

2023 年 7 月

目　　录

1　揭开稀土的神秘面纱 ······ 3

1.1　神奇的稀土大家族 ······ 3

1.2　稀土元素的特性 ······ 7

1.2.1　稀土元素的电子结构 ······ 7

1.2.2　镧系收缩 ······ 8

1.2.3　镧系元素的特征氧化态 ······ 9

1.2.4　镧系元素的标准电极电势 ······ 10

1.2.5　稀土元素的性质 ······ 11

1.2.6　稀土元素的分组 ······ 12

1.2.7　稀土元素的化合物 ······ 12

1.3　稀土花香分外浓 ······ 13

2　稀土元素的发现之旅 ······ 15

2.1　稀土元素发现史 ······ 15

2.2　第一个亮相的稀土元素 ······ 17

2.3　从铈硅石中发现铈元素 ······ 18

2.4　发现稀土元素的又一扇大门被打开 ······ 19

2.5　镨-钕姐妹露真容 ······ 20

2.6　钪元素闪亮登场 ······ 20

2.7　铽、钬、铒和铥的发现 ······ 21

2.8　钐、钆、镝、铕、镥相继出场 ······ 21

2.9　钷元素的来历非同寻常 ······ 22

2.10　稀土元素的发现史给人们的教益 ······ 23

3　中国稀土谁先知 ······ 25

3.1　中国第一个稀土矿床的发现 ······ 25

3.2　中国稀土资源的发现与发展 ······ 28

4 稀土何处有 …… 30

4.1 地壳中的稀土 …… 30
4.2 具有工业价值的稀土矿物 …… 32
4.3 其他稀土矿物 …… 33
4.4 稀土矿是如何找到的? …… 34
4.5 世界稀土究竟有多少? …… 36
4.5.1 “一骑绝尘”的中国稀土 …… 37
4.5.2 巴西稀土久负盛名 …… 39
4.5.3 澳大利亚稀土潜力大 …… 39
4.5.4 美国稀土引人注目 …… 40
4.5.5 俄罗斯稀土榜上有名 …… 41
4.5.6 印度独居石砂矿闻名遐迩 …… 41
4.5.7 加拿大的稀土矿藏 …… 42
4.5.8 其他稀土资源 …… 43
4.6 保护稀土资源 …… 44

5 稀土是怎样提炼出来的 …… 46

5.1 矿石开采 …… 47
5.2 稀土矿物的富集 …… 48
5.3 稀土冶金技术 …… 51
5.3.1 湿法冶金技术——水中淘宝 …… 51
5.3.2 火法冶金技术——火中取金 …… 62
5.3.3 稀土冶金产品知多少 …… 65
5.3.4 稀土工业的发展 …… 66

6 稀土用途何其多 …… 67

6.1 稀土是冶金工业中的“维生素” …… 69
6.1.1 稀土钢用途广 …… 69
6.1.2 稀土铸铁显神通 …… 70
6.1.3 稀土为有色金属助力 …… 71
6.2 稀土催化剂 …… 72
6.2.1 石油与化工的稀土催化剂 …… 73
6.2.2 橡胶中的稀土催化剂 …… 73
6.2.3 塑料中的稀土助剂 …… 74

6.2.4　汽车尾气净化催化剂 …… 75
6.2.5　工业废气及人居环境空气净化 …… 76
6.2.6　稀土催化燃烧技术 …… 77
6.2.7　稀土高温燃料电池 …… 78
6.3　稀土为玻璃陶瓷添光彩 …… 79
6.3.1　稀土玻璃 …… 79
6.3.2　稀土抛光粉 …… 82
6.3.3　稀土陶瓷 …… 82
6.4　稀土在农业及轻纺工业中大显身手 …… 88
6.4.1　稀土是农业的增产素 …… 88
6.4.2　稀土是纺织和皮革工业的好帮手 …… 89
6.5　稀土在军事领域显神威 …… 90

7　“出神入化”的稀土新材料 …… 95

7.1　稀土磁性材料 …… 96
7.1.1　稀土永磁材料 …… 96
7.1.2　稀土超磁致伸缩材料 …… 99
7.1.3　稀土磁制冷材料 …… 101
7.1.4　稀土磁光材料 …… 101
7.2　稀土激光材料 …… 103
7.3　稀土高温超导材料 …… 107
7.3.1　在电力技术中的应用 …… 108
7.3.2　超导磁悬浮列车 …… 110
7.3.3　在军事上的应用 …… 111
7.3.4　在医疗、计算机和热核反应堆中的应用 …… 111
7.4　稀土发光材料 …… 111
7.4.1　灯用发光材料 …… 113
7.4.2　长余辉发光材料 …… 116
7.4.3　稀土光转换材料 …… 117
7.5　稀土储氢材料 …… 118
7.6　光导纤维 …… 120
7.7　稀土纳米材料 …… 123
7.8　稀土热电材料 …… 124
7.9　核能技术材料 …… 125
7.10　人造宝石 …… 125

8 稀土家族成员各显其能 …… 127

8.1 镧，光学玻璃和储氢合金的奉献者 …… 127
8.2 铈，抛光和催化材料不可或缺 …… 129
8.3 镨，磁性材料和玻璃陶瓷的“宠儿” …… 130
8.4 钕，永磁材料之母 …… 132
8.5 钷，神奇的发光物质 …… 135
8.6 钐，永磁材料的先行者 …… 136
8.7 铕，光影世界的缔造者 …… 137
8.8 钆，核反应堆的“安全保护神” …… 138
8.9 铽，稀土大家庭中的“贵族” …… 139
8.10 镝，永磁材料的好帮手 …… 140
8.11 钬，功能材料的添加剂 …… 140
8.12 铒，信息高速公路的加油站 …… 142
8.13 铥，固体激光材料的贡献者 …… 143
8.14 镱，光纤放大材料中显神威 …… 143
8.15 镥，神奇闪烁晶体中放光彩 …… 144
8.16 钇，用途广而不凡 …… 145
8.17 钪，光明的使者 …… 146

后记 …… 148

很多人对稀土是久闻大名，而不知其详，所以每逢遇到“稀土”这两个字，总觉得那么的神秘。

其实，在我们日常生活所必需的用品中，大部分都有稀土的影子，从最新潮的手机到最前沿的电动汽车；从小到心脑手术用支架、手机电池，大到尖端武器、宇宙飞船都离不开稀土。但人们很少了解其中的微妙与有趣。总之，在我们身边，稀土无处不在，无时不有，稀土影响到我们生活的方方面面。我们的生活也将随着稀土的开发和应用而步入更美好的未来。

稀土到底是什么？它隐藏在哪里？人类是怎样发现它而又如何才能找到它？稀土怎么就成了媲美石油的战略资源呢？它在科学技术和现代生产中扮演了什么样的角色？它在人们的日常生活中起什么作用？

让我们带着这一连串的问题一起走进五彩缤纷的稀土大世界，一睹稀土元素的风采。

打开稀土“迷宫”的大门，呈现稀土家族魅力。可以发现稀土既不“稀”，也不“土”，它就在我们身边。

1 揭开稀土的神秘面纱

神秘未解的谜团总是驱使着我们去一探究竟，想去揭开那鲜为人知的真相。

在我们的手机、电脑和电视机的深处，潜藏着一大群人们还不太熟悉的元素，是它们让现代科技生活成为可能，为我们的现代生活提供无微不至的全面服务。这些元素就是稀土，它被日本人称为“技术的种子”，而美国能源部则称其为“技术金属”。

1.1 神奇的稀土大家族

目前已知的元素有100多个，其中有一个神奇的大家族叫做“稀土元素”，就是通常人们所说的“稀土”，常用RE表示。

元素周期表下部的一排15个镧系元素，全部是稀土元素（见图1-1）。此外，元素周期表ⅢB族前两个元素——钪和钇，因其化学性质与镧系元素接近或存在于其他镧系元素的矿床中，也被列入稀土元素之列。因此，稀土元素共有17个，且全部是金属元素，也被统称为稀土金属。

由原子序数57~71号的镧系元素（用Ln表示）——镧（La）、铈（Ce）、镨（Pr）、钕（Nd）、钷（Pm）、钐（Sm）、铕（Eu）、钆（Gd）、铽（Tb）、镝（Dy）、钬（Ho）、铒（Er）、铥（Tm）、镱（Yb）、镥（Lu）和21号钪（Sc）及39号钇（Y）共17个兄弟姐妹组成了稀土家族。

稀土家族每个成员都有一个别致的名字，有用地名、人名、神名、星星名的，还有用希腊文来取名的。若想用中文呼唤这个家族的某个成员，不用管贴在一旁的“金”，直接喊右边的“名”就八九不离十。它们的读音分别是钪（kàng）、钇（yǐ）、镧（lán）、铈（shì）、镨（pǔ）、钕（nǚ）、钷（pǒ）、钐（shān）、铕（yǒu）、钆（gá）、铽（tè）、镝（dī）、钬（huǒ）、铒（ěr）、铥（diū）、镱（yì）、镥（lǔ）。

化学元素周期表的创始人门捷列夫在世时，化学家们只发现了钇、镧、铈、铒和镨-钕混合物，但是门捷列夫已经意识到稀土元素对周期表的深远影响。他曾经写道：“这（稀土）是周期表中最难的问题之一。”所以，他为稀土元素在周期表上留下了位置。

元素周期表

原子序数 — 92 U — 元素符号，红色指放射性元素

元素名称 — 铀

注＊的是人造元素

238.0 — 相对原子质量（人造元素只列半衰期最长同位素的质量数）

非金属　金　属　过渡元素

周期＼族	ⅠA 1	ⅡA 2	ⅢB 3	ⅣB 4	ⅤB 5	ⅥB 6	ⅦB 7	Ⅷ 8	Ⅷ 9	Ⅷ 10	ⅠB 11	ⅡB 12	ⅢA 13	ⅣA 14	ⅤA 15	ⅥA 16	ⅦA 17	0 18
1	1 H 氢 1.008																	2 He 氦 4.003
2	3 Li 锂 6.941	4 Be 铍 9.012											5 B 硼 10.81	6 C 碳 12.01	7 N 氮 14.01	8 O 氧 16.00	9 F 氟 19.00	10 Ne 氖 20.18
3	11 Na 钠 22.990	12 Mg 镁 24.305											13 Al 铝 26.98	14 Si 硅 28.09	15 P 磷 30.97	16 S 硫 32.06	17 Cl 氯 35.45	18 Ar 氩 39.95
4	19 K 钾 39.098	20 Ca 钙 40.078	21 Sc 钪 44.956	22 Ti 钛 47.867	23 V 钒 50.942	24 Cr 铬 51.996	25 Mn 锰 54.938	26 Fe 铁 55.845	27 Co 钴 58.933	28 Ni 镍 58.693	29 Cu 铜 63.546	30 Zn 锌 65.38	31 Ga 镓 69.723	32 Ge 锗 72.630	33 As 砷 74.922	34 Se 硒 78.971	35 Br 溴 79.904	36 Kr 氪 83.798
5	37 Rb 铷 85.468	38 Sr 锶 87.62	39 Y 钇 88.906	40 Zr 锆 91.224	41 Nb 铌 92.906	42 Mo 钼 95.95	43 Tc 锝 97.907	44 Ru 钌 101.07	45 Rh 铑 102.91	46 Pd 钯 106.42	47 Ag 银 107.87	48 Cd 镉 112.41	49 In 铟 114.82	50 Sn 锡 118.71	51 Sb 锑 121.76	52 Te 碲 127.60	53 I 碘 126.90	54 Xe 氙 131.29
6	55 Cs 铯 132.91	56 Ba 钡 137.33	57~71 La~Lu 镧系	72 Hf 铪 178.49	73 Ta 钽 180.95	74 W 钨 183.84	75 Re 铼 186.21	76 Os 锇 190.23	77 Ir 铱 192.22	78 Pt 铂 195.08	79 Au 金 196.97	80 Hg 汞 200.59	81 Tl 铊 204.38	82 Pb 铅 207.2	83 Bi 铋 208.98	84 Po 钋 [209]	85 At 砹 [210]	86 Rn 氡 [222]
7	87 Fr 钫 [223]	88 Ra 镭 [226]	89~103 Ac~Lr 锕系	104 Rf 𬬻* [267]	105 Db 𬭊* [268]	106 Sg 𬭳* [269]	107 Bh 𬭛* [270]	108 Hs 𬭶* [269]	109 Mt 鿏* [277]	110 Ds 𫟼* [281]	111 Rg 𬬭* [282]	112 Cn 鿔* [285]	113 Nh 鿭* [286]	114 Fl 𫓧* [290]	115 Mc 镆* [290]	116 Lv 𫟷* [293]	117 Ts 鿬* [294]	118 Og 鿫* [294]

系															
镧系	57 La 镧 138.91	58 Ce 铈 140.12	59 Pr 镨 140.91	60 Nd 钕 144.24	61 Pm 钷 [145]	62 Sm 钐 150.36	63 Eu 铕 151.96	64 Gd 钆 157.25	65 Tb 铽 158.93	66 Dy 镝 162.50	67 Ho 钬 164.93	68 Er 铒 167.26	69 Tm 铥 168.93	70 Yb 镱 173.05	71 Lu 镥 174.97
锕系	89 Ac 锕 [227]	90 Th 钍 232.04	91 Pa 镤 231.04	92 U 铀 238.03	93 Np 镎 [237]	94 Pu 钚 [244]	95 Am 镅* [243]	96 Cm 锔* [247]	97 Bk 锫* [247]	98 Cf 锎* [251]	99 Es 锿* [252]	100 Fm 镄* [257]	101 Md 钔* [258]	102 No 锘* [259]	103 Lr 铹* [262]

注：

相对原子质量录自2018年IUPAC国际原子量表。

图 1-1　元素周期表

稀土元素在元素周期表中的位置十分特殊，17 个稀土元素同处在第Ⅲ族副族，钪、钇、镧分别为第四、五、六长周期中过渡元素系列的第一个元素。镧与其后的 14 个元素的性质非常相似，化学家们只能把它们放入一个格子内，难怪有人把它们当成“同位素”对待，然而由于其原子序数不同，还不能作为真正的同位素。也就是说，尽管它们的性质十分相似，但又有微小的差别。人们就是利用这些微小的差别将它们彼此分离。

稀土元素发现较晚，直到 1794 年才从硅铍钇矿中发现“钇土”。限于当时的科学技术水平，没有能够分离成单个元素，只能得到一些像土一样的混合稀土氧化物（用 REO 表示），由于当时习惯把不溶于水的固体氧化物称为“土”，例如，氧化铝被称为“陶土”，氧化钙被称为“碱土”，氧化镁被称为“苦土”等；再加上当时化学家们认为它们在自然界形成独立的矿物既稀少又分散，因此就得到了“稀土”这个名字。

稀土到底是什么样子？图 1-2 所示为各单一稀土的氧化物。

图 1-2　稀土氧化物

其实，稀土元素并不“稀少”，在自然界中广泛存在，例如，铈在地壳中的含量与锡近乎相等，而钇、钕、镧都比铅更丰富。即使是含量最低的两个稀土元素——铥和镥，它们在地壳中的含量也比黄金高出近 200 倍。

稀土也不是“土”，而是典型的金属元素，其活泼性仅次于碱金属和碱土金属。各单一稀土金属如图 1-3 所示。

稀土元素在传统工业和高新技术产业中均扮演着举足轻重的角色，因而被喻

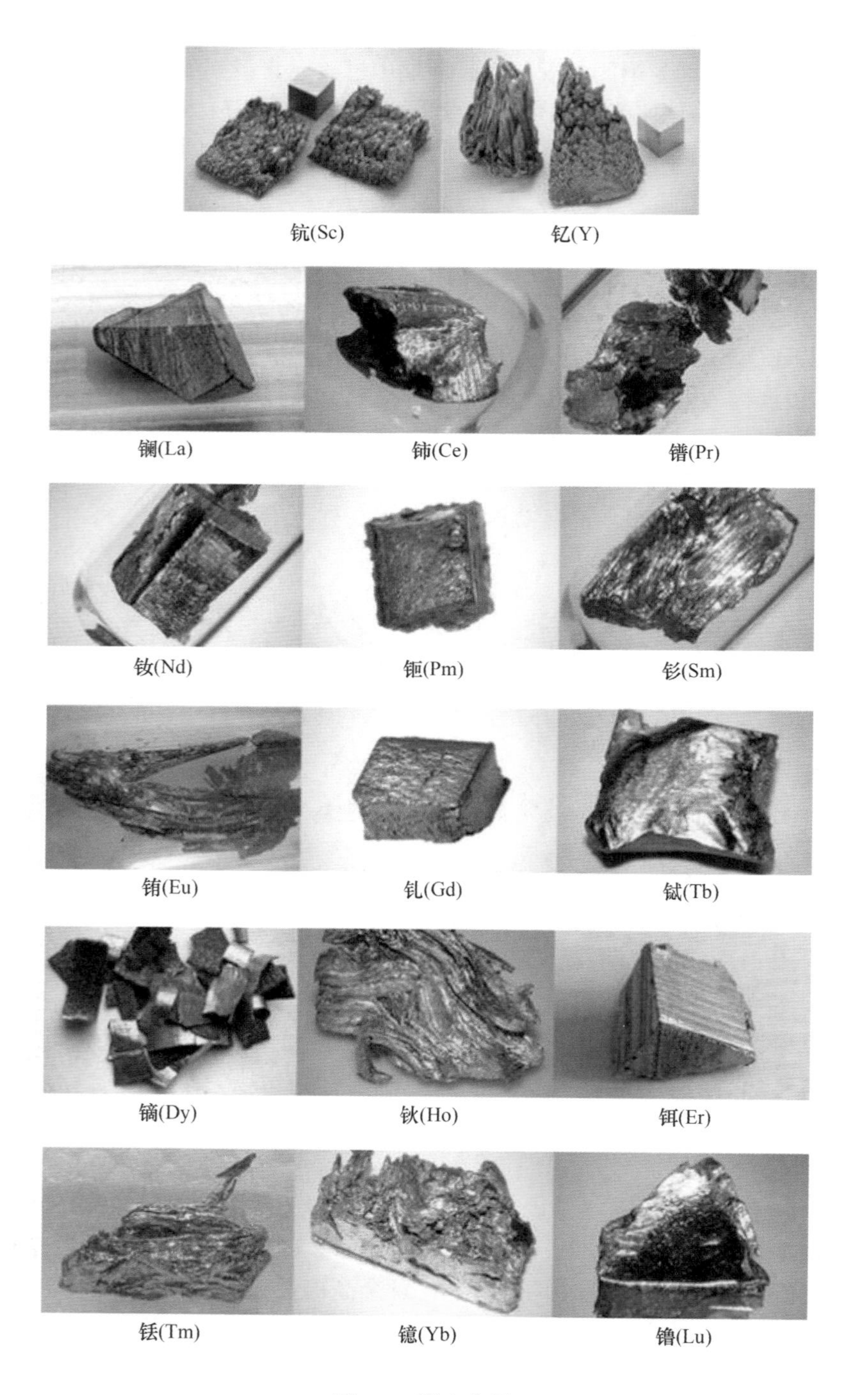
钪(Sc)
钇(Y)
镧(La)
铈(Ce)
镨(Pr)
钕(Nd)
钷(Pm)
钐(Sm)
铕(Eu)
钆(Gd)
铽(Tb)
镝(Dy)
钬(Ho)
铒(Er)
铥(Tm)
镱(Yb)
镥(Lu)

图 1-3 稀土金属

为高新技术材料的“维生素”。正因为稀土元素在高科技领域应用的神奇功效，美、日等国均将其列入“战略元素”的行列。

随着稀土资源的开发利用、选冶技术的提高和应用领域的拓展，稀土元素的价值日益凸显，并更多地造福于人类。神奇的稀土已经成为寻常百姓耳熟能详的元素家族。

1.2 稀土元素的特性

稀土元素家族成员好像孪生兄弟姐妹，长得近乎一模一样。也就是稀土原子最外两层电子排列相同，因此许多化学性质非常相似。稀土元素的共性是：原子结构相似、离子半径相近、在自然界密切共生。

然而由于稀土元素家族各元素原子内层电子结构并不一样，原子序数也不一样，它们是不同的元素，因此稀土元素家族每个成员又有不同的特性。

1.2.1 稀土元素的电子结构

所有稀土元素两个外围电子层中的价电子数与镧元素相同，分别是 2 个和 1 个，但其内电子层拥有的价电子数则各不相同。这些内电子层是造成稀土元素许多显著的磁性和颜色特征的根源，而且这些内电子层处于外围电子的屏蔽之下，使稀土元素能够在不影响自身重要性质的情况下与其他物质发生反应。正是这种电子结构，造成不同稀土元素很容易相互取代。

稀土原子的电子结构具有三个显著特点：第一，所有稀土原子最外层都是 s^2 结构，这就决定了所有稀土金属都是活泼金属；第二，次外层结构，除钪、钇、镧、铈、钆和镥外，其余稀土原子都具有 $5d^0 5s^2 5p^6$ 结构，这就决定了三价稀土离子均具有 $ns^2 np^6$ 稳定结构；第三，从铈到镥，电子开始填充在倒数第三层的 $4f$ 轨道上。这种填充方式，使得从镧到镥，最外层和次外层电子结构基本相同，只是倒数第三层上电子数不同。由于元素原子的性质（尤其是化学性质）主要决定于最外层电子结构，但也受次外层和微弱地受倒数第三层电子结构的影响，因此稀土元素尤其是镧系元素的化合物的物理性质和化学性质表现出极大的相似性和一定程度的有规律的变化趋势。

稀土元素的奇异功能主要仰仗于它特殊的 $4f$ 电子结构、奇特的配位性质、大的原子磁矩和有序变化的原子（离子）尺寸。由于镧系元素特殊的次外层 $4f$ 电子构型，从而使稀土家族呈现出与其他元素迥异或特异的性质，决定了它们具有奇特的磁、光、电等性能。

稀土离子的电子构型随着 $4f$ 壳层电子数的变化而变化，使得稀土离子表现出不同的电子跃迁形式和极其丰富的能级跃迁。因此，稀土离子的电子组态中共有 1639 个能级，能级之间的可能跃迁数目高达 199177 个，可观察到的谱线达 30000 多条，因而稀土离子可以吸收和发射从紫外光到红外光区的各种波长的光而形成多种多样的发光材料。

1.2.2 镧系收缩

“镧系收缩”是指镧系元素的原子半径（见图 1-4）和离子半径随着原子序数的增加而逐渐减小的现象。“镧系收缩”产生的原因是随着原子序数的增加，电子填入 4*f* 层，*f* 电子云较分散，对 5*d* 和 6*s* 电子屏蔽不完全，对外层电子吸引力增大，使电子云更靠近核，造成了原子半径逐渐减小而产生了“镧系收缩”效应。

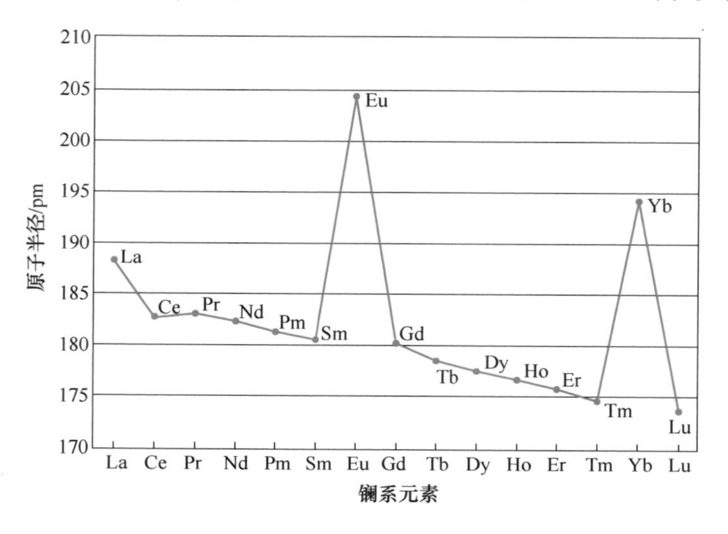

图 1-4　镧系元素的原子半径

一方面，镧系元素原子半径从镧的 187. 7pm（$1pm = 1\times10^{-12}m$）到镥的 173. 4pm，共缩小 14. 3pm，平均每两个相邻元素之间缩小 14. 3/14≈1pm。尽管平均相差只有 1pm，但其积累效应（共 14pm）是很显著的。另一方面，原子半径不是单调地减小，而是在铕和镱处出现“峰”和在铈处出现“谷”的现象，被称为“峰谷效应”或“双峰效应”。

镧系元素的正三价离子从 f^0 的正三价镧离子到 f^{14} 的正三价镥离子，依次增加 4*f* 电子（与原子的电子排布不一样），因而随原子序数的增大而离子的半径依次单调减小（没有峰谷现象）。离子半径（见图 1-5）的变化在具有 f^7 的中点 Gd^{3+} 处稍有不连续性，这是由于 Gd^{3+} 具有 f^7 半满稳定结构，屏蔽效应稍大，半径略有增大的缘故。这就是镧系元素性质的钆断效应规律。

由于“镧系收缩”，导致镧系元素的性质随原子序数的增大而有规律地递变，即镧系元素的金属性由镧到镥递减，正三价镧系元素水解倾向增强，氢氧化

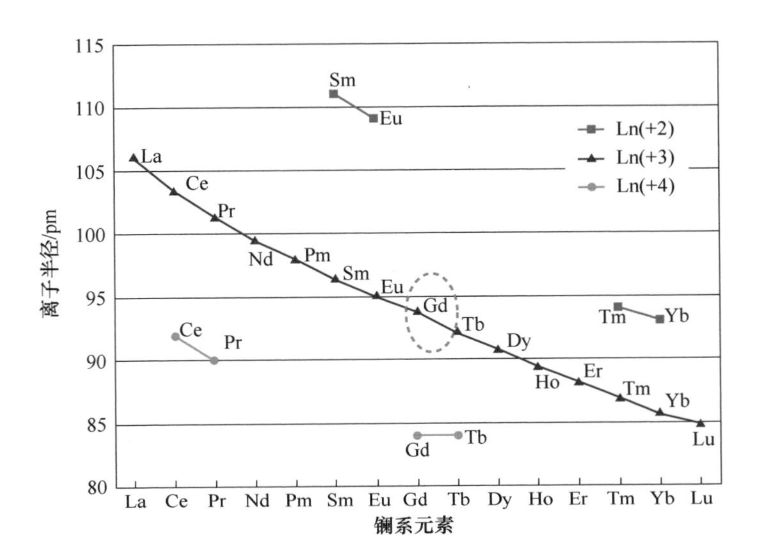

图 1-5　镧系元素的离子半径

物的碱性减弱、溶解度减小，而金属的标准电极电势 E^0 增大，使一些配位体与镧系元素的离子的配位能力递增。

“镧系收缩”使正三价钇离子的最外层电子结构与正三价镧等相同，半径为 88.1pm，与正三价钬离子、铒离子、铥离子相近。所以钇化合物的性质与钬、铒、铥的相应化合物性质相近。从而钇与镧系元素常常共生在一起。钪的离子半径较小（73.2pm），接近镥，其化学性质介于铝和镧系元素之间。

1.2.3　镧系元素的特征氧化态

正三价是镧系元素的特征氧化态（见图 1-6）。铈、镨、铽常呈现出正四价氧化态，而钐、铕、镱则显示正二价氧化态，因为它们的电子结构接近半充满或全充满状态。正四价或二价氧化态的存在，除结构因素外，还同离子的水合能等因素有关。

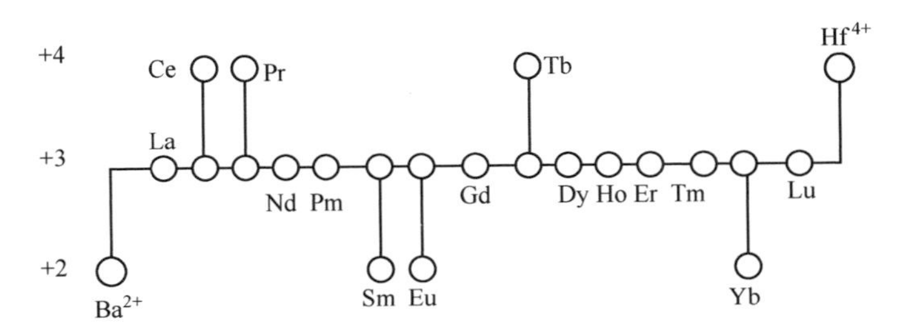

图 1-6　镧系原子的特征氧化态

稀土元素通常是以正三价形态存在，某些镧系元素正三价离子具有各不相同的鲜亮的颜色，这些颜色出现在它们的结晶盐或水溶液中，例如镨呈现翠绿色，钕为紫红色。颜色变化主要是由 4*f* 电子跃迁引起的。当金属处于高氧化态配位体又具有还原性时，就能产生配位体到金属的电荷迁移跃迁，如四价铈离子的橙红色。

正三价稀土离子的颜色以钆为中心而对称分布不是简单的巧合（见表 1-1），而是与它们在 4*f* 轨道填充电子的多少及空轨道、全充满、半充满三种特殊的状态有着密切的关系。

表 1-1　正三价稀土离子的颜色

离子	未成对电子数	颜色	未成对电子数	离子
La^{3+}	0（$4f^0$）	无色	0（$4f^{14}$）	Lu^{3+}
Ce^{3+}	1（$4f^1$）	无色	1（$4f^{13}$）	Yb^{3+}
Pr^{3+}	2（$4f^2$）	绿	2（$4f^{12}$）	Tm^{3+}
Nd^{3+}	3（$4f^3$）	淡紫	3（$4f^{11}$）	Er^{3+}
Pm^{3+}	4（$4f^4$）	粉红、黄	4（$4f^{10}$）	Ho^{3+}
Sm^{3+}	5（$4f^5$）	黄	5（$4f^9$）	Dy^{3+}
Eu^{3+}	6（$4f^6$）	无色	6（$4f^8$）	Tb^{3+}
Gd^{3+}	7（$4f^7$）	无色	7（$4f^7$）	Gd^{3+}

正二价和正四价稀土离子明显不同于正三价离子，因此可采用氧化还原法将正三价离子氧化为正四价或还原为正二价，从而能增大它们与其他正三价离子的差别，进而可以有效地将它们从其他正三价稀土中分离出来。

1.2.4　镧系元素的标准电极电势

无论是在酸性介质还是碱性介质中，镧系元素的标准电极电势数值都比较小。镧系金属在水溶液中容易形成正三价离子，是较强的还原剂。其还原能力仅次于碱金属和碱土金属。随着原子序数的增加，镧系金属的还原能力逐渐减弱，即金属的活泼性递减（见表 1-2）。

表 1-2　镧系金属的还原能力

原子序数	元素符号	元素名称	Ln^{3+}/Ln 电极电势/V	$Ln^{n+}/Ln^{(n-1)+}$ 电极电势/V
57	La	镧	−2.38	

续表 1-2

原子序数	元素符号	元素名称	Ln^{3+}/Ln 电极电势/V	$Ln^{n+}/Ln^{(n-1)+}$ 电极电势/V
58	Ce	铈	-2.34	Ce^{4+}/Ce^{3+}：1.76
59	Pr	镨	-2.35	Pr^{4+}/Pr^{3+}：3.2
60	Nd	钕	-2.32	Nd^{3+}/Nd^{2+}：-2.6
61	Pm	钷	-2.42	
62	Sm	钐	-2.30	Sm^{3+}/Sm^{2+}：-1.55
63	Eu	铕	-1.99	Eu^{3+}/Eu^{2+}：-0.35
64	Gd	钆	-2.29	
65	Tb	铽	-2.31	Tb^{4+}/Tb^{3+}：3.1
66	Dy	镝	-2.29	Dy^{3+}/Dy^{2+}：-2.5
67	Ho	钬	-2.23	
68	Er	铒	-2.32	
69	Tm	铥	-2.32	Tm^{3+}/Tm^{2+}：-2.3
70	Yb	镱	-2.22	Yb^{3+}/Yb^{2+}：-1.05
71	Lu	镥	-2.30	

稀土元素具有大范围可变的各种配位数，这就给人们认识和开发稀土在其他领域的应用创造了条件。

1.2.5 稀土元素的性质

稀土元素是典型的金属元素。稀土金属具有银白色或灰色光泽，质地比较软，具有良好的延展性并具有顺磁性。稀土金属的活泼性仅次于碱金属和碱土金属，比其他金属元素活泼。在 17 个稀土元素中，按金属的活泼次序排列，由钪、钇、镧递增，由镧到镥递减，即镧元素最活泼。

稀土金属对氢、碳、氮、氧、硫、磷和卤素具有极强的亲和力，可反应生成相应的氢化物、碳化物、氮化物、氧化物、硫化物、磷酸盐和卤素化合物等。轻稀土金属在室温下易被空气中的氧氧化成相应的氧化物，而重稀土与钪和钇在室温下形成氧化物保护层，因此一般将稀土金属保存在煤油中，或置于真空及充以氩气的密封容器中。稀土金属与冷水的作用比较缓慢，而与热水的作用相当剧烈，可放出氢气，易溶于盐酸、硫酸和硝酸中而不和碱作用。

稀土氧化物和氢氧化物在水中溶解度较小、碱性较强；氯化物、硝酸盐、硫酸盐易溶于水，而草酸盐、氟化物、碳酸盐、磷酸盐则难溶于水。

1.2.6 稀土元素的分组

根据钇和镧系元素的化学性质、物理性质和地球化学性质的相似性和差异性，以及稀土元素在矿物中的分布和从矿物中提取分离稀土的需要，人们将稀土元素各成员进行了分组。

镧系元素化合物的有些性质常常会出现“钆断效应”，即所谓的两分组现象。所以，通常把它们分为两组。即轻稀土或铈组，以及重稀土或钇组。也有根据稀土硫酸盐的溶解性及某些稀土化合物的性质，把除钪之外的稀土元素划分成三组，即轻稀土组、中稀土组和重稀土组。在萃取分离稀土工艺中和研究稀土化合物性质变化规律时，稀土元素呈现出“四分组效应”，所以又把稀土元素分为四组，即铈组、钐组、铽组、铒组，如图 1-7 所示。

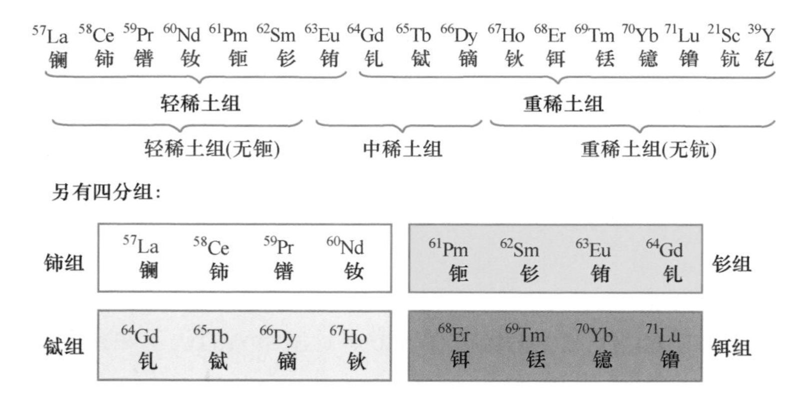

图 1-7 镧系元素的分组

与重稀土元素相比，轻稀土元素在地壳中的储量丰富，分布也更为集中，占全部稀土储量的 80%~99%。虽然重稀土元素较为稀少，但被认为是更值得拥有或更为关键的元素。

1.2.7 稀土元素的化合物

在稀土材料中，除少数直接使用稀土金属外，大多数是使用稀土元素的化合物。其中以氧化物和复合氧化物的种类最多，在不含氧的稀土元素的化合物中，以卤化物的研究为最多，其次是稀土氢氧化物，还有硝酸盐、硫酸盐、碳酸盐、草酸盐和磷酸盐等。但近年来随着新材料发展的需要，稀土硫化物、氮化物、硼化物及稀土配合物的研究范围也日益增大。

单一稀土氧化物通常表示为RE_2O_3，铈、镨、铽还生成CeO_2、Pr_6O_{11}（$Pr_2O_3 \cdot 4PrO_2$）、Tb_4O_7（$Tb_2O_3 \cdot 2TbO_2$），而钐、铕、镱还可生成SmO、EuO、YbO。大多数稀土氧化物均可由相应的草酸盐、碳酸盐或氢氧化物热分解制得。

稀土氢氧化物（$RE(OH)_3$）的碱性强度近似于碱土金属氢氧化物，但其溶解度要比碱土金属氢氧化物小得多。因此，可以用氨或稀碱溶液加入稀土盐溶液中将稀土氢氧化物沉淀出来。

稀土卤化物（氯化物、氟化物、溴化物和碘化物）中，氯化物和氟化物最为重要。稀土卤化物溶解性大、熔点和沸点高，具有良好的导电性。

稀土草酸盐和碳酸盐也是极为重要的化合物，另外还有稀土有机酸盐和稀土配合物。

1.3 稀土花香分外浓

人们习惯把黄金、珍珠、翡翠、玛瑙等视为奇珍，它们多用于人类生活的装饰品，多作为精神享受的商品。而稀土对于当今世界的意义，正如盐对于人体一样的重要。但盐是如此简单平凡，稀土却非常珍贵神奇。

对于稀土的重要性，有一个常用比喻：石油是工业的血液，稀土是工业的维生素。因此，也就不难理解为何1992年邓小平曾说：“中东有石油，中国有稀土。中国的稀土资源占全世界已知储量的80%，其地位可与中东的石油相比，具有极其重要的战略意义，一定要把稀土的事情办好”的真实含义了。

全球几乎所有的高科技产品都离不开稀土，其战略性地位，无论在高新技术、军事，还是工业、农业上都难以被替代。这就意味着至少在未来新技术革命之后的相当长一段时期内，稀土在高端产业中的重要地位都将难以撼动，其技术应用领域也将是各国发展高新技术的“兵家必争之地”。

由于稀土家族的17个成员各具特异的物理和化学性能，因此它们为人类带来了光明；充当了人类健康的保护神；它们为人类提供新的能源；为石油、化学工业提供新的催化剂；它们是玻璃陶瓷工业的好帮手；是建设信息高速公路的尖兵；是钢铁和有色金属的维生素和促进农作物增产的刺激素；它们与其他元素结合，便可组成品类繁多、功能千变万化、用途各异的新型材料，例如号称“永磁之王”的磁体和神奇的超导体等。

工业上，稀土是“维生素”。在荧光、磁性、激光、光纤通信、储氢能源、超导材料等领域都有重要作用。

军事上，稀土是“核心”。目前几乎所有高科技武器都有稀土的身影，且稀土材料常常位于高科技武器的核心部位。

一位前美军军官曾经说过：“海湾战争中那些匪夷所思的军事奇迹，以及美国在冷战之后，局部战争中所表现出的对战争进程非对称性控制能力，从一定意义上说，是稀土成就了这一切。”

生活中，稀土“无处不在”。我们的手机、LED 照明、电脑、数码相机……哪个不使用稀土材料？

近半个世纪以来的科技发展中，许多重大的科学发现都留下了稀土的踪迹。稀土科学和技术的发展不仅促进了科学本身的发展，也为人类生活质量的提高作出了重要贡献。

当今世界每出现四种新材料，其中之一必与稀土有关。如果没有稀土，世界将会怎样？2009 年 9 月 28 日美国《华尔街日报》称，如果没有稀土，我们将不再有电视屏幕、电脑硬盘、光纤电缆、数码相机和大多数医疗成像设备；稀土是形成强力磁体的元素，很少有人知道强力磁体是美国国防库存所有导弹定向系统中至关重要的因素；没有稀土，你还得告别航天发射和卫星，全球的炼油系统也会停转，稀土是未来人们将更加看重的战略性资源。

正因为如此，稀土便成为世界各大经济体争夺的战略资源，稀土等关键原材料战略往往上升至国家战略。美、日等发达国家都把稀土列为 21 世纪的战略元素，并加以战略储存和重点研究。从这些方面也充分反映出稀土元素在现代产业中的重要价值和战略地位。目前世界各国对海洋稀土的发掘和其他星球稀土元素的探索，更加表明了稀土元素对当代科技发展的重要意义。

从人类科学史的角度，我们也不难看出稀土在现代科学发展中的地位和重要性。我们确信，已成为战略资源的稀土，对世界高科技的发展必将发挥难以估量的作用，使人类的生活变得更加丰富多彩。

2 稀土元素的发现之旅

一般物质能以元素状态存在于自然界的并不多，存量多到可以被人类直接使用的则更少。因此，在化学尚未发展以前，人类所能认识和使用的元素，只有活性较小，能以游离状态存在于自然界，或用简单方法即可提炼得到的几种金属及固态非金属而已。这样的元素，也就是在有信史记载以前，人类即已发现的元素，一共只有 9 种：2 种非金属，即碳、硫；7 种金属，即金、银、铜、铁、锡、铅、汞。它们究竟于何时、何地，被何人所发现，中外都不可考，但可相信，金是最早被人类所熟知的金属元素，远在公元前一万年，古埃及已留下许多金饰物品。其次为铜，大约在公元前四千年左右，当人类文化由石器时代进入陶器时代，制陶所需的高温窑，即可能使人类在无意中学到了由含铜矿石冶炼金属铜的技术，于是人类文明迅即步入铜器时代。

稀土元素是在 18 世纪末到 20 世纪 40 年代后期陆续被发现的。本章运用历史的杠杆，撬开封存的记忆，向读者回放科学家们发现稀土元素的艰苦历程。

2.1 稀土元素发现史

17 个稀土元素从初次出现踪迹到完全被发现困惑了化学家们许多年，它们时而像幽灵一样在实验室中时隐时现，引起人们的好奇心；时而好像是近在咫尺的花环，吸引着众人的眼球；时而又像沙漠中的海市蜃楼，令人望而兴叹。

自然界中的稀土元素常常是结伴同行的，所以人类在认知稀土的早期，常常在得到某种稀土元素时，却不知道还有别的“顽皮”的元素隐藏其中，或者无法将不愿分手的伙伴分开。

人类对于稀土元素的认知并不是依托元素周期表顺序来发现的，所以，稀土元素的发现史，就是一部科技发展史。

在自然界，稀土元素通常紧密共伴生于极复杂的矿石之中。又因为它们的化学性质特别活泼，很难还原成金属，通常是以混合氧化物形式共生在一起，化学家们总是把面孔极为相似的稀土“孪生兄弟”误认为是“一个人”。英国化学家威廉·克鲁克斯曾经说过：“这些稀土元素使我们的研究发生困难，使我们的推理遭受挫折，在我们的梦中萦回。它们像一片未知的海洋，伸展在我们面前，嘲弄着、迷惑着、诉说着奇异的发现和希望。”

稀土元素发现得比较晚，而且 17 个稀土元素也并不是在同一时间被发现的，从 1794 年第一个稀土元素“钇”的横空出世，到 1945 年发现最后一个稀土元素“钷”，整整经历了 153 年（见图 2-1）。

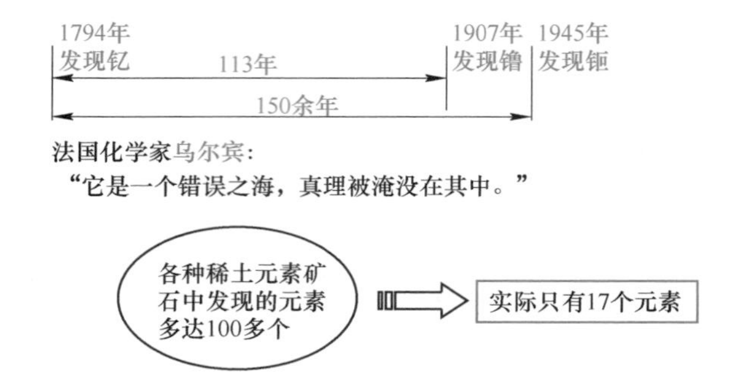

图 2-1　稀土元素发现时间

也正是从 1947 年开始，美国化学家发明了用离子交换法分离稀土的技术，并由著名学者斯佩丁改进了离子交换工艺，能制备出千克级的高纯度的稀土产品，为研究各单一稀土的本征特性和开发稀土的用途创造了基本条件。由此，稀土才由充满误会的元素发现期，真正步入产业化发展和应用的黄金期。

稀土元素的发现始于 18 世纪末的北欧。其中大部分是由欧洲的一些矿物学家、化学家、冶金学家等发现并从硅铍钇矿、铈硅石和铌钇矿制得它们的化合物。从硅铍钇矿中先后发现了钇、铽、钪、铒、镱、镥、铥、钬、镝（见图 2-2）。

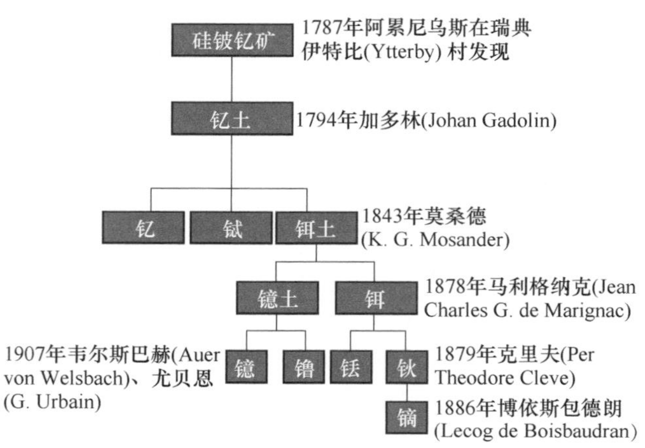

图 2-2　从硅铍钇矿中发现稀土元素

从铈硅石中先后发现了铈、镧、镨、钕（见图 2-3）。

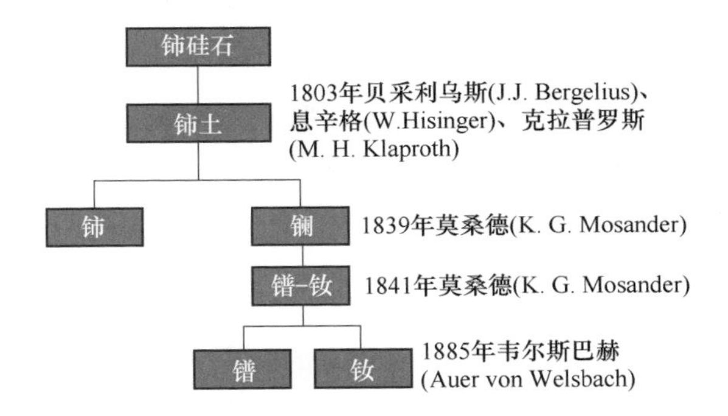

图 2-3　从铈硅石中发现稀土元素

钆、铕、钐则是在铌钇矿中先后被发现的（见图 2-4）。

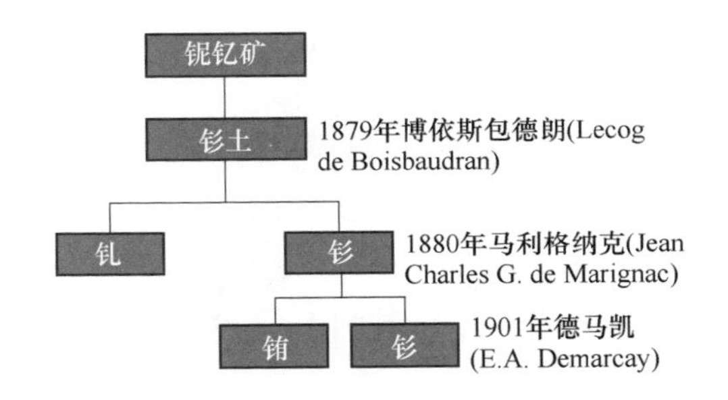

图 2-4　从铌钇矿中发现稀土元素

1945 年，马林斯基等在处理铀裂变产物时发现了钷元素。

2.2　第一个亮相的稀土元素

斯堪的纳维亚半岛蕴藏着含稀土的矿物，但长期并无人知晓。

18 世纪，欧洲人破解了中国的陶瓷，长石矿的需求与日俱增。瑞典也不例外，1780 年，距离斯德哥尔摩 20km 以外的伊特比小岛上，一座新的长石矿动工了，谁都没有想到，这座小岛上的矿山竟然会带领人类进入一扇异乎寻常的大门。

瑞典的卡尔·阿累尼乌斯是一名军人，然而他对自然界的矿石颇感兴趣，经常收集一些小石子摆放在家里，并让他的朋友一起观赏。1787 年，他就在伊特比小岛的长石矿附近捡到一块从未见到过的黑色石头，并把它以伊特比岛命名为伊特瑞特石，并像宝贝一样陈列在矿石架上。

1794 年，当年研究稀土的先驱芬兰化学家加多林分析由阿累尼乌斯收藏的伊特瑞特石时发现除硅、铁、铍外，还含有未知的新元素，并从这种矿石中提取到了一种新的氧化物。这种氧化物难溶于水，又酷似泥土，于是他就将这种氧化物命名为“新土”。1797 年，瑞典化学家埃克伯格确认了这种“新土”。为纪念矿石的发现地伊特比岛和芬兰化学家加多林，将其命名为“钇土”。同时也把从矿石中分离出的新元素命名为“钇”。因此“钇”便成为第一个问世的稀土家族成员。

其实，加多林当初发现的“钇土”并不只有一种稀土元素，只能说是“钇组稀土”的混合氧化物。加多林是稀土元素的最先发现者，为了纪念他的功绩，矿物学家们就把他所研究的矿石称作加多林石，即硅铍钇矿（见图 2-5）。后来人们把发现硅铍钇矿的时间 1787 年作为稀土元素的发现纪元，而把发现“钇土”的 1794 年作为发现第一个稀土元素的起始年份。

图 2-5　硅铍钇矿

钇元素的发现仅仅是开启了发现稀土元素的第一扇大门。之后的几十年，化学家们似乎在走“迷宫”。我们就一起来看看，他们是如何打开一扇又一扇大门，走出“迷宫”的。

2.3　从铈硅石中发现铈元素

1752 年，瑞典化学家克龙斯泰德在瑞典小城瓦斯特拉斯发现了一种新的矿石。经西班牙矿物学家德埃尔乌耶分析后认定它是钙和铁的硅酸盐。

1803 年，德国化学家克拉普罗斯分析了这种矿石，确定有一种新的金属氧化物存在，因为它被灼烧时呈现赭色，所以称它为赭色土，矿石称为赭色矿。同时瑞典化学家贝采利乌斯和矿物学家息辛格分析这种矿石时，发现了一种与钇土性质十分相似但又完全不同的新元素的氧化物，并称其为“铈土”，把这种矿石称为铈硅石（见图 2-6），同时把这种元素命名为铈，以纪念当时发现的一颗小行星——谷神星。其实，当初的“铈”也只是一种“铈组稀土”的氧化物。

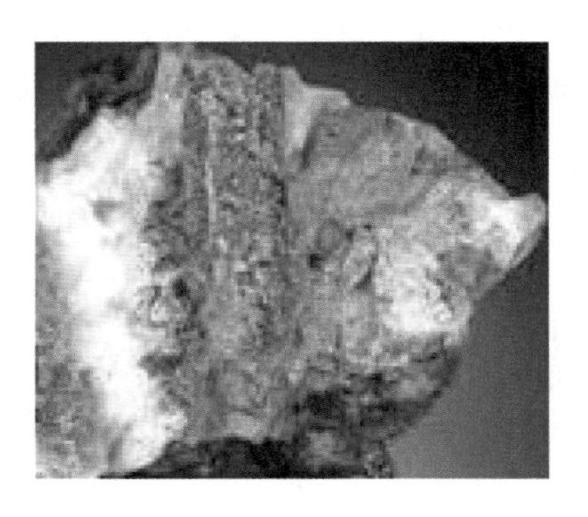

图 2-6　铈硅石

2.4　发现稀土元素的又一扇大门被打开

铈和钇被发现后，虽然一些化学家们意识到它们不是纯净的元素，但是直到它们被发现大约 40 年后，瑞典化学家莫桑德等人的耐心分析才把谜底解开。

“钇土”和“铈土”究竟是什么物质？不少化学家在几十年内也没有搞清楚。直到 1839 年，也就是在上述几位化学家发现“铈”之后，经过 36 年，瑞典化学家莫桑德将当时得到的“硝酸铈”经过焙烧（分解），再用稀硝酸溶解时，出乎意料地得到两种物质。一种是难溶于稀硝酸的氧化物，仍称之为铈；另一种是能溶于稀硝酸的氧化物，因为他发现要将该氧化物分离出来非常困难，于是就以希腊语“躲开人们的视线”或“隐藏起来”之意将其命名为“镧”（见图 2-7）。从此，镧便登上了历史舞台。

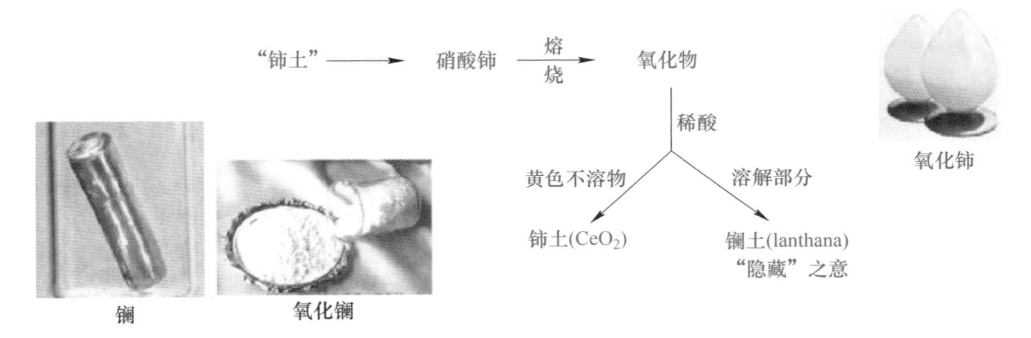

图 2-7　镧的发现

1843 年，莫桑德用同样的方法仔细研究了“钇土”，得到了三种不同颜色的氧化物：无色者仍称作“钇土”，黄色氧化物称为“铒土”，玫瑰色氧化物称为“铽土”。于是，化学家们意识到“钇土”和“铈土”并不是纯净的氧化物，而是由稀土元素化合物组成的混合物。

2.5　镨-钕姐妹露真容

到了 1841 年，莫桑德又从“镧”中发现了与镧非常相似的新稀土元素，即镨-钕混合物，当时将其取名为“吉基姆”（希腊语为“双生子”之意）。40 年后，也就是发明汽灯纱罩的 1885 年，奥地利化学家韦尔斯巴赫成功地从“吉基姆”中分离出了两种物质，一种呈现绿色，另一种则呈玫瑰色，并确定它们是两个元素，一个以拉丁文取名为“钕”，意为“新的孪生子”；另一个则称为“镨”，因为镨盐的水溶液呈浅绿色，所以它就以拉丁文“绿色的孪生子”之意而得名。

这对“双生子”被分开了，钕和镨显露出各自美丽而娇艳的面容，也有了各自施展才华的广阔天地。

2.6　钪元素闪亮登场

19 世纪后半叶，由于光谱分析法的研究成功和元素周期表的发表，再加上稀土元素电化学分离技术的进步，更加加速了新的稀土元素发现的进程。

1878 年，查尔斯和马利格纳克在“铒土”中发现了新稀土元素镱；1871 年，俄国化学家门捷列夫根据他的元素周期表上的位置，预言有一种新元素，其相对原子质量在 40（碳）和 48（钛）之间，并称之为“类硼”。

时隔 8 年，即 1879 年，瑞典化学家尼尔森从黑稀金矿（见图 2-8）中提取到了氧化铒，并把它制成硝酸盐。他又将这种盐加热分解，得到了纯净的氧化铒，与此同时，他与克里夫差不多同时意外地获得了一些含有新元素的物质。这种新元素的所有特性几乎同门捷列夫所预言的“类硼”完全一致。尼尔森为纪念他的祖国瑞典，将这种新元素称之为“钪”。

钪的发现再次证明了元素周期律的正确性和门捷列夫的远见卓识。

化学元素周期表的最早发现者门捷列夫在世时，只发现了钇、镧、铈、铒和镨-钕化合物，他已经意识到稀土元素对他的周期表影响极大，但却无法安排好它们的位置。在他去世前曾痛苦地写道：“这（稀土）是周期表中最难的问题之一。”

图 2-8　黑稀金矿

2.7　铽、钬、铒和铥的发现

1843 年瑞典化学家莫桑德发现当初找到的钇土并非是单纯的一种稀土，并从中分离出钇、铽、铒三种稀土元素。瑞典人索里特 1878 年从铒土的光谱中发现钬，次年瑞典化学家克里夫从铒土中分离出钬和铥。克里夫出生的斯德哥尔摩在古拉丁语中为 Holmia，这是钬命名的由来。而铥的命名是因为斯堪的纳维亚的古代名称 Thule。

2.8　钐、钆、镝、镱、镥相继出场

1879 年，法国化学家博依斯包德朗将氢氧化铵加入铌钇矿的提取液中，发现有一种新物质沉淀，仔细研究后发现它是一种新元素，并将它称为“钐土”。钐的名字取自俄国人萨马斯基·比霍夫发现的铌钇矿（见图 2-9）。

图 2-9　铌钇矿

瑞典化学家马利格纳克于 1880 年又从“钐土”即镨钕混合物（当时叫 didymium）中分离出了两种元素，其中一种是钐元素，另一种当时还无法确定。直到 1886 年，马利格纳克为了纪念研究稀土的先驱者——发现钇元素的加多林，才将另一种元素命名为钆。

1886 年，法国的博依斯包德朗采用分步沉淀法（见图 2-10），从“钬土”中又分离出一种新的氧化物，称之为“镝”，其意为“难得”。

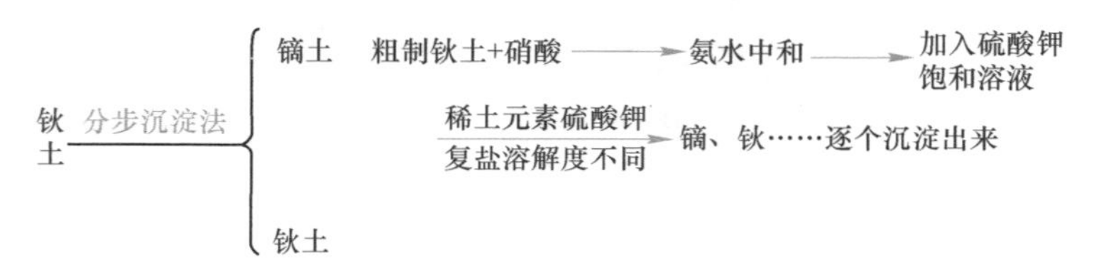

图 2-10　分步沉淀法分离钬土

1901 年，法国化学家德马凯将硝酸钐镁用分步沉淀法进行了一次极精密的分离，经光谱分析发现了一种新元素，命名为“铕”，其意为“欧洲”。

奥地利化学家韦尔斯巴赫和法国化学家尤贝恩于 1907 年采用不同的分离方法从“镱”中得到一种新元素，韦尔斯巴赫给这个元素取名为 Cp（cassiopeium），尤贝恩根据巴黎的旧名 Lutece 将其取名为 Lu（lutetium），后来发现 Cp 和 Lu 是同一个元素，便统一称之为 Lu（镥）。

2.9　钷元素的来历非同寻常

20 世纪初，人们已经观察到钕和钐的性质差别很大。到 1902 年，捷克化学家布劳纳根据元素周期律推测出在钕和钐之间应有一种元素存在，但是，始终无法确定。那么，到底稀土元素应该有多少个呢？直至 1913 年，英国物理学家莫塞莱发现元素的 X 射线光谱中，镧系列谱线的频率的二次方根与原子序数之间存在直线关系，并明确指出，在镧（La）和铪（Hf）之间只有 14 个镧系元素存在。在对稀土元素的 X 射线光谱进行了仔细的分析研究后，于 1914 年确认了有 61 号元素存在。从此，许多科学家又踏上了寻找最后一个稀土元素的旅程。

1926 年，美国伊利诺伊大学两位化学家宣称在含 60 号和 62 号元素的矿石中找到了第 61 号元素。同年，意大利佛罗伦萨大学的两位化学家也以为他们分离出了 61 号元素。但这两组化学家的工作都没有得到别的化学家证实。

1942 年，美国集结了当时西方除了德国之外几乎所有最顶尖的科学家，动员了 10 多万人实施了一个大项目，即曼哈顿计划。其目的是得到高纯度的浓缩铀，于是找到了当时最先进的分离技术——离子交换法。

1945 年，美国学者马林斯基、格伦丹宁和克里尔正是利用这种最先进的分离技术，从原子反应堆用过的铀燃料中成功分离出一种新的化学元素，即元素周期表中的 61 号元素钷（因为这一元素非常难找，为了表示对希腊神话里为人类从天上取来火种的英雄——普罗米修斯的纪念，从而取名为“钷”），由于战时紧张的国防工业研究而无暇顾及，直到 1947 年这一结果才得以发表。从此，这个羞羞答答的元素终于走出了深闺。17 个稀土元素被找全了，使当时元素周期表上的空白也全部被填满。后来，人们用中子轰击钕而得到了人造钷。

长期以来，人们普遍认为自然界中不存在钷。然而，1964 年芬兰科学家从天然磷灰石中分离出 82μg 的钷；1965 年荷兰的一个磷酸盐工厂在处理磷灰石时也发现了钷的痕量成分；1972 年，处理高品位铀矿时发现了钷，此后，就不再认为钷是人造元素了。

几代科学家经过 151 年的苦苦找寻，才将 17 个兄弟姐妹一个个地从“深闺老宅”中请出来，结束了它们亿万年同居一室，彼此相见却不相识的局面，从此展示出它们各自美丽的容颜和超强的才华。

2.10 稀土元素的发现史给人们的教益

稀土元素发现过程看起来好像很顺利，然而，在这些成功的背后，是更多化学家的辛勤劳动甚至毕生的心血。

化学历史学家说，在 1878—1913 年的 35 年中，各种科学杂志报道发现至少有 100 种稀土元素。当然，绝大部分后来都被否定了。甚至还有人在愚人节那天，声称发现了两种新的稀土元素，用稀土跟大家开了个玩笑，也算是给长期郁闷的稀土发现史添加一个滑稽的小插曲。

有记录的“发现”过稀土元素的就有好几十位科学家，但大多数都被证明是搞错了。还有一些化学家，只是晚了一两年，甚至只晚了一两个月，就错失了将自己的名字写在元素发现史上的机会。

尽管如此，为了寻找这些稀土元素，还是有众多化学家前赴后继，以坚韧不拔的精神，飞蛾扑火般地扑向新元素发现的旅程。功夫不负有心人，他们经历了艰难曲折的历程终于全部发现了这些难以捉摸、性能奇特的元素，填补了元素周期表的空白，在化学元素发现史上写下了光辉的一页。

科学家们找到全部 17 个稀土元素，共跨越了 3 个世纪，足见人类破解“稀土家族”身世之谜是何等的艰难。这些科学家为人类作出了巨大贡献，向他们致敬。

稀土的发现史给人们的教益是十分深刻的：

（1）稀土元素的发现史是一个漫长而又完整的过程，其中没有一步可以忽略，哪怕是错误的一步，因为发现一个元素为另一个或几个元素的发现打下了基础。

（2）从1794年发现钇到1907年发现镥等8个稀土元素的100多年中，科学家们为了追求真理和科学发现，长年累月，以惊人的毅力，坚持不懈地用简陋的工具和落后的分级结晶法、分步沉淀法、分步热分解法和分步浸出法进行稀土元素的提取分离和分析鉴定。所有这些方法都需要经过成千上万次的重复操作才能得到比较纯净的单一稀土元素的样品。他们所付出的辛劳，不言而喻；他们的奉献精神令人敬佩。

（3）每一个新稀土元素的发现都受到新稀土矿发现的巨大影响，发现铌钇矿和独居石无比重要，满足了科学家们对稀土研究的全部原料需求，这种对原料的依赖关系在其他元素的发现历史中很少见。

（4）没有哪一件事像在周期表中安置稀土元素那样困难，因为，当时的人们并不知道究竟有多少个稀土元素。

（5）这些稀土元素的发现，是人类科技发展史上最激动人心的时刻之一，极大地开阔了人类的认知视野，带给人们无尽的“发现的快乐”。

（6）17个稀土元素是由14位科学家发现的，其中奥地利科学家韦尔斯巴赫一个人就发现了3个。1885年韦尔斯巴赫还用含有稀土（铈）的材料制成了纱罩汽灯，这是照明史上一次重大进步，开创了人类应用稀土的先河。他于1903年发现铈铁合金在机械摩擦时能够产生火花，研制出了稀土发火合金，开发出稀土元素铈的第二大用途。到1908年他又兴建了稀土发火合金厂，实现了工业生产，开启了打火石生产技术的应用发展的传奇征程。所有这些都在稀土发现和发展史上写下了浓墨重彩的一笔。显然，在稀土领域，韦尔斯巴赫不仅是杰出的学者，而且是多学科的发明家，还是极具开拓精神和创新能力的企业家。他的巨大成就，令人叹服；他的奉献精神，令人敬仰。

（7）稀土元素的发现和应用极大地推动了现代科学技术特别是材料科学的发展，给人类带来了福音。

3 中国稀土谁先知

涤荡历史的尘烟，细数科技界的风流人物，还看今朝。

3.1 中国第一个稀土矿床的发现

大自然的神奇与伟力，在这片辽阔的草原完成了她一系列惊世杰作，造就了这座瑰丽多姿的宝山。多少科学巨子徜徉于此，揭开了它的神秘面纱。于是，一个响亮的名字——白云鄂博（见图 3-1），在一段现代工业梦想的伟大传奇中，开始闪耀出了自己独特的夺目光彩！

包头白云鄂博稀土矿是一种主要由独居石和氟碳铈矿组成的混合稀土矿。白云鄂博稀土矿是经过多期矿化作用和异常发育的交代蚀变而形成的矿山，因此该矿床的物质极为复杂。

至今为止，在该矿山中发现的矿物多达130多种，其中磁铁矿、赤铁矿、氟碳铈矿、独居石、铌矿物、磷灰石、钠闪石、方解石、重晶石、石英、白云石、钠辉石、长石等运用广泛，在这些矿石中发现71种元素，稀土矿物遍及全矿区，储量丰富。

图 3-1 白云鄂博稀土矿简介

中国的稀土矿最早是在地质学家丁道衡发现白云鄂博大型铁矿的同时，由何作霖教授于 1934 年从丁道衡等考察者带回的白云鄂博铁矿标本中发现了珍贵的稀土矿物。他们是如何发现的？这要从 90 多年前的一次科学考察说起。

1927 年，地质学家丁道衡随中国-瑞典西北科学考察团自北平（今北京）赴新疆考察，途经绥远省（现属内蒙古）百灵庙时，他发现十几千米以外的一座山岭，形状独特，色泽异样，在夏日灼热的阳光下泛着青黑色。凭着专业知识和直觉，他意识到这道黝黑神秘的山岭不同凡响——这种地貌特征和山体颜色，很有可能是某种矿体。

接下来，丁道衡在附近进行了为期十几天的徒步勘查，采集了满满一箱矿石标本，初步查明了此地的地质构造、矿区生成、铁矿储量、矿石成分等，认定这里是个储量可观、极有开采价值的大型铁矿。在勘探日记中，他兴奋地写道："三日晨，著者负袋趋往，甫至山麓，即见有铁矿矿砂沿沟处散布甚多，愈近矿砂愈富，仰视山巅，巍然屹立，露出处，黑斑烂然，知为矿床所在。至山腰则矿石层累迭出，愈上矿质愈纯。登高俯瞰，则南半壁皆为矿区。矿体甚大，全山皆为铁矿所成皆暴露于外，开采极易。"

沉睡了亿万年的神山——白云鄂博的价值就这样被丁道衡发现了。白云鄂博，也由此成为全球首屈一指的、令世界各国地质专业人员心生向往的地质学圣地，后来更成为各国稀土科技工作者心中的圣地。这座有着诗意地名的巨型矿床像是一座"天赐"的神秘宝藏给人们带来了更多的浪漫想象。

1933 年，丁道衡整理了采集到的标本、手绘图纸和大量的文字资料，将所见所得写入《绥远白云鄂博铁矿报告》一文，发表于《地质汇报》第 23 期上，这是历史上首次将白云鄂博这个世人未知的神奇之地公诸于世。随之他便将矿样交给矿物岩石学家何作霖做矿物岩石鉴定。

古来青史谁不见，今见功名胜古人。1934 年，何作霖把丁道衡交给他的矿石标本制成薄片，放在偏光显微镜下观察。结果发现了一种奇怪的现象：白云鄂博的铁矿石里有一种矿物叫萤石。在显微镜下观察萤石型标本时发现了除常见的磁铁矿、磷灰石外还有一种粒度极小的异常矿物。经钠光源检验，这些微粒有两种晶系：一种属于四方晶系，另一种属六方晶系。前者为浅黄绿色，后者为浅绿黄色。他立即意识到它们可能是两种稀土矿物，但仍需进一步证实。于是，他请中央研究院物理所所长严济慈教授帮助进行光谱分析。弧形光谱图上终于显示了镧、铈、钇、铒等稀土元素的谱线波长。由此得出结论：白云鄂博的矿石里含有极为珍贵的稀土元素。就此打开了中国富藏稀土的大门，从此白云鄂博这个名字蜚声海外，轰动了当年的学术界。

何作霖不仅从白云鄂博的矿石里发现了稀土元素，还是我国第一个从岩矿中提取稀土矿石的人。他使用了多种化学和物理方法，从仅有的 1.0394mg 的萤石粉末中提取到 0.01mg 的浅黄色的稀土矿物粉末。

1935 年，《中国地质学会会志》刊登了何作霖的题为《绥远白云鄂博稀土类矿物的初步研究》（英文）的论文，向世界宣告：白云鄂博矿物中存在稀土矿物。文中说，他发现了"两种目前设想是稀土元素来源的极细的、异常的矿物""这两种矿物建议分别以'白云矿'和'鄂博矿'暂时予以命名"。之后，经中央研究院物理研究所严济慈先生通过光谱分析，证明是稀土矿物。何作霖还大胆地预测该矿稀土元素储量丰富。

可惜的是，这一重大的发现，竟湮没于乱世，多年无人问津。直到 1959 年，何作霖教授才作为中苏合作地质队的中方队长，亲自到白云鄂博矿区进行深入研究，证实了“白云矿”即氟碳铈矿，“鄂博矿”即独居石。查明了白云鄂博不仅仅是大型铁矿山，同时也是一座超大型的稀土矿山，堪称当今世界之最。

如果说丁道衡先生是白云鄂博矿山的第一发现者，那么何作霖先生就是第一个向全世界宣告中国白云鄂博矿物中存在稀土的人，被誉为“中国稀土矿床之父”。为表彰和纪念他在矿物学研究领域作出的一系列卓越贡献，2010 年，国际矿物协会将产于中国辽宁凤城碱性岩体的新矿物命名为“何作霖矿”。

这一重要矿藏的发现，给社会发展带来了举足轻重的影响，这大概就是科学工作之于人类社会的重要意义。对于科学家而言，历史的记忆是对他们最好的回报。

白云鄂博这个神奇又神秘的地方，在漫长的岁月里，人们怀着敬畏之心慢慢走近它，并开始了跨越时空的追寻。

1950 年，中央人民政府财经委将白云鄂博地质工作交由北京地质调查所负责，组成了白云鄂博地质调查队，即后来的地质部华北地质局 241 队。当时采用钻探、槽探、硐探、物探和航空磁测等综合手段做了深入的勘探，共采样 19500 多个，分析数据十几万个，进行了全面的矿床地质、矿石物质成分等的研究，计算了铁矿储量和稀土氧化物储量。

为合理利用白云鄂博资源，国家科委于 1963 年在北京召开了第一次“4・15 会议”。决定由地质部和冶金部联合成立 105 地质队，以稀土和铌为重点，对主矿、东矿体的稀土、稀有元素进行评价。综合评价报告第一次提出白云鄂博矿区发现的 71 种元素、114 种矿物，其中稀土、铌矿物各 12 种，可综合利用的元素有 26 种。查明了稀土元素在各类型矿石中的配分，铌、稀土在各类型矿石中的赋存状态及主要稀土、铌矿物中稀土、铌氧化物的占有率。

白云鄂博稀土（钍）、铌、铁造福于人类，应当牢记地质勘探与矿业开发工程技术人员的体力与智力的付出与贡献。

昔日的荒漠已成为雄伟壮观的新矿区（见图 3-2）。今日的白云鄂博，天空依旧蔚蓝，矿山依旧爽朗。

图 3-2　白云鄂博矿区

“我们像双翼的神马，飞驰在草原上……” 20 世纪 50 年代，一首《草原晨曲》，从白云鄂博唱响神州大地，让无数人对这片神奇的土地心驰神往。

北方草原上这座有着诗意地名的巨矿像是一座天赐的神秘宝藏，给人们带来了诸多的浪漫想象。

白云鄂博这座储量惊人的巨型矿床宛如上天的慷慨恩赐，迅速改变了世界的稀土矿藏格局。

迄今为止，世界上还没有发现类似矿床的报道，白云鄂博稀土资源“世界第一”的神话仍在继续。

这里有和达茂旗一衣带水的大草原，有深邃旷远的白云鄂博矿山，有充满异域风情的边境文化，有数不胜数的奇石珍宝，还有未开采的矿山。

我们能否在更大的范围内寻找类似白云鄂博的矿床，包括隐伏区下的碳酸岩浆喷发矿床与经典环状碳酸岩浆侵入矿床呢？白云鄂博这个 90 多岁的孤独老人，是不是该有些子孙相伴呢？我们应该持续努力，让它子孙满堂！

3.2 中国稀土资源的发现与发展

白云鄂博稀土矿藏的发现还只是赢得了中国稀土资源的头彩。之后，在地质科技工作者和勘探人员的努力下，中国其他地区的稀土矿藏也纷纷揭开了盖头。

1969 年，江西 908 地质队和冶金勘探公司 13 队首次在江西龙南足洞发现了世界上罕见的风化壳淋积型（也称离子吸附型）重稀土型稀土矿（见图 3-3）及寻乌河岭稀土矿，之后相继在广东、福建、湖南和广西等地也发现了风化壳淋积型稀土矿床。

图 3-3　风化壳淋积型重稀土型稀土矿
（图中圆形地为稀土浸取池）

江西、广东等地的风化壳淋积型稀土矿床成为中国最重要的稀土资源之一。它的发现，不但丰富了世界稀土矿床的类型，也为世界重稀土的开发利用提供了可靠的资源保证（见图 3-4）。

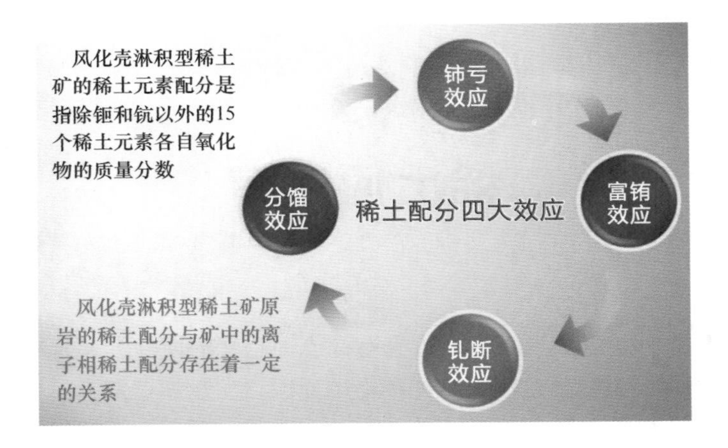

图 3-4 风化壳淋积型稀土矿释义

早在 1958 年，原济南地质局就开始了在济南各地区的找矿工作，在航空放射性测量时，发现了微山稀土矿床。山东省地质局二队从 1963 年也开始进行稀土矿的勘探工作。1970—1974 年，山东省地质局二队和原济南地质局才完成了对微山湖稀土资源勘探工作，并提交了微山湖稀土资源地质报告。

山东微山湖稀土矿为全国第二大稀土矿，占全国稀土储量的 8%左右，为全国唯一采用立井采掘的稀土矿。

1960 年，四川省地质局第一区测绘大队在冕宁发现了三岔河稀土矿。之后，经过 1972 年、1982 年、1984 年几次普查后，在牦牛坪发现了稀土矿物。于是成立了 109 地质队，并于 1986 年和 1994 年先后发现了冕宁牦牛坪大型稀土矿和德昌大陆乡稀土矿。至今已初步查明四川省稀土矿 29 处，分属 9 种成因类型。稀土矿产资源集中于攀西地区，大多分布于凉山彝族自治州的冕宁、西昌、德昌等市县，构成了一个南北长约 300km 的稀土资源集中区，集中分布在冕宁县的牦牛坪和德昌县的大陆槽。牦牛坪稀土矿床规模居各矿床之首，矿床的工业矿物绝大部分为氟碳铈矿，其次为氟碳钙铈矿，少量硅钛铈矿等。

湖北省第四地质队于 1965 年首次发现竹山县铌-稀土矿，湖北省第五地质队于 1971—1981 年进行了深入的勘探工作，提交了地质勘探报告。

竹山庙垭铌-稀土矿的稀土品位约为 1.5%，铌品位不小于 0.1%。

除此之外，地质工作者已在全国 2/3 以上的省区发现上千处矿床、矿点和矿化产地。所有这些重大发现和地质勘探成果为中国稀土工业的发展奠定了雄厚的资源基础。

“踏遍青山人未老，风景这边独好。”我们相信，中国的稀土工业必将续写新的辉煌！

4 稀土何处有

人类从氏族社会发展到奴隶社会具有标志性意义的便是大量青铜器（包括货币）的使用；从奴隶社会过渡到封建社会的原因之一是铁器的大量使用；进入工业时代，石油、煤等矿产资源已经是必不可少的了。纵观人类的每一次进步与发展，其赖以生存和发展的基础都离不开矿产资源。

地球上的许多矿物质最初是在地球出现之前由超新星爆炸形成的，而稀土矿物则是通过火山活动形成的。当地球形成时，这些矿物被整合到地球地幔的最深处。随着地质构造运动最终导致稀土矿物到达接近地表的地壳，再经历数百万年的风化过程，岩石分解成沉积物将这些稀土矿物散布到全球各地，形成稀土矿产资源，海洋中也有储量丰富的稀土资源。

稀土矿产资源有以下的特点：

（1）至今还没有发现某个稀土元素集中形成的矿物，几乎全部都是多个稀土元素群集于一种矿物，所以很难评估各单一稀土金属的储量，因而，评估稀土矿物的储量和开采量，都按混合稀土氧化物计算。

（2）虽然重稀土元素的数量多于轻稀土，但重稀土的储量却只是轻稀土的1/20左右，重稀土的“含金量”又远远高于轻稀土。

（3）不同的稀土矿石是由不同的稀土化合物组成的，所以形成了稀土矿物的多样性，诸如独居石、氟碳铈矿、风化壳淋积型稀土矿等。在各种矿物中，稀土元素常与其他元素（包括放射性元素）一起共生、伴生。

4.1 地壳中的稀土

地壳中，稀土通常是以复杂氧化物、碳酸盐、含水或无水硅酸盐、含水或无水磷酸盐、磷硅酸盐、氟碳酸盐及氟化物等矿物形式存在。它在矿物中的分布存在着四个特点：一是随原子序数的增加，稀土元素的地壳丰度（指研究体系中被研究元素的相对含量，用质量分数表示，元素的地壳丰度又称为克拉克值）呈下降趋势；二是原子序数为偶数的稀土元素的地壳丰度一般大于与其相邻的奇数元素；三是铈组元素在地壳中的丰度大于钇组元素；四是地壳中的稀土元素主要富集于花岗岩、伟晶岩、正长岩、火山岩等岩石中，富稀土矿化的岩体主要是碳酸岩。

各单一稀土元素在地壳中的丰度如图 4-1 所示。

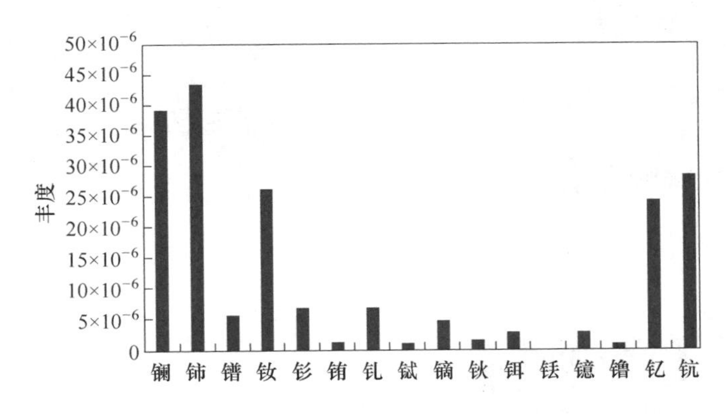

图 4-1 各单一稀土元素在地壳中的丰度

稀土在地壳中不仅难以富集成矿，而且形成矿物后的自然状态也非常复杂，许多含有稀土的矿床往往由多种矿物组成。

稀土在矿物中主要有三种赋存状态：

（1）稀土作为矿物的基本组成元素，以离子化合物形式赋存于矿物晶格中，构成矿物必不可少的成分。这类矿物通称为稀土矿物，例如独居石、氟碳铈矿等。

（2）稀土作为矿物的杂质元素，以类质同象置换的形式分散于造岩矿物和稀有金属矿物中，这类矿物可称为含有稀土元素的矿物，如磷灰石等。

（3）稀土呈离子状态被吸附于某些矿物的表面或颗粒间。这类矿物主要是各种黏土矿物、云母类矿物。

稀土元素主要以单矿物形式存在于自然界中。目前世界上已发现的稀土矿物和含稀土元素的矿物有 250 多种，其中稀土氧化物含量大于 5.8%的有五六十种，可视为独立的稀土矿物。而适合现今开采条件的稀土矿物仅有十余种：

（1）含铈族稀土（镧、铈、钕等）的矿物，如氟碳铈矿（见图 4-2）、氟碳钙铈矿、氟碳钡铈矿和独居石（见图 4-3）。

（2）富钐及钆的矿物，如硅铍钇矿、铌钇矿、黑稀金矿。

（3）含钇族稀土（钇、镝、铒、铥等）的矿物，如磷钇矿（见图 4-4）、黑稀金矿、氟碳钙钇矿、褐钇铌矿（见图 4-5）和钇易解石（见图 4-6）。

（4）含重稀土矿物，如风化壳淋积型（离子吸附型）稀土矿（见图 4-7）。

最重要的稀土矿物有稀土磷酸盐矿物，如独居石、磷钇矿，以及稀土氟碳酸盐矿物，如氟碳铈矿、氟碳钙铈矿及风化壳淋积型稀土矿等。另外还有海岸线上的海滨砂矿、黑稀金矿、硅铍钇矿、褐帘石、铈硅石和铈钛铌钙矿等。

图 4-2　氟碳铈矿

图 4-3　独居石

图 4-4　磷钇矿

图 4-5　褐钇铌矿

图 4-6　钇易解石

图 4-7　离子吸附型稀土矿

4.2　具有工业价值的稀土矿物

目前，工业上主要是从氟碳铈矿、风化壳淋积型（离子吸附型）稀土矿、独居石或磷钇矿中提取稀土。

氟碳铈矿主要产于碱性岩、碱性伟晶岩及有关的热液矿床中，是具有重要工业价值的铈族稀土元素矿物，属氟碳酸盐类型。产于美国加利福尼亚州的芒廷帕斯矿是品位最高的工业氟碳铈矿。

风化壳淋积型稀土矿是含稀土花岗岩或火山岩经多年风化形成黏土矿物，解离出的稀土离子以水合离子或羟基水合离子吸附在黏土矿物上。在矿石中的稀土元素 80%~90%呈离子状态吸附在高岭土、埃洛石和水云母等黏土矿物上。

独居石产于花岗岩类的热液矿床中，但主要矿床是海滨砂矿和冲积砂矿。最重要的海滨砂矿床在澳大利亚、巴西及印度等国的海岸线。

磷钇矿主要产于花岗岩、花岗伟晶岩、碱性花岗岩中，也产于砂矿中，是提取钇的重要矿物原料。

白云鄂博铁-稀土-铌-钍特大型矿床中，含稀土矿石主要是氟碳铈矿与独居石，通常称之为混合型稀土矿。

4.3 其他稀土矿物

自然界中的稀土元素除了赋存在各种稀土矿中外，还有相当大的一部分与磷灰石（见图 4-8）和磷块岩矿共生，所以它们也是工业上提取稀土的重要的稀土资源。

与石英共生的磷灰石

磷灰石原石

磷灰石猫眼原石

图 4-8　磷灰石

已知含钪的矿物多达 800 多种，但作为钪的独立矿物只有钪钇石（见图 4-9）、水磷钪矿、硅钪矿和钛硅酸稀金矿等少数几种，且矿源较少，在自然界中罕见。含钪矿物主要有铝土矿、磷块岩矿、钒钛磁铁矿、钨矿、稀土矿、锆英砂矿和钛铁矿等。

分布于华北地台（主要包括山东、河南和山西）和扬子地台（主要包括云南、贵州和四川）的铝土矿和磷块岩矿的钪含量为 40~150μg/g。攀枝花钒钛磁铁矿的超镁-铁岩和镁-铁岩的钪含量为 10~40μg/g，钪主要赋存于普通钛辉石、钛铁矿和钛磁铁矿中。华南斑岩型和石英脉型钨矿的钪含量较高，黑钨矿中钪含量为 78~377μg/g。白云鄂博稀土-铌-铁矿的岩石中，钪的平均含量为 50μg/g。

锆英砂精矿中钪含量为0.001%~0.08%。另外，人造金红石、贫锰矿、红土镍矿和铀矿中也含钪。目前，工业上主要是从黑钨矿、锡石精矿中提取钪。

国外科学家还在太平洋和印度洋海底发现了远超过陆地储量的富含稀土的矿泥。中国的“海洋六号”科考船曾先后辗转于西太平洋、中太平洋和东太平洋多个区域开展稀土资源调查，也证实了大洋海底确实富存有稀土资源。图4-10为科考队员采集到的海底热液硫化物。

图4-9　钪钇石

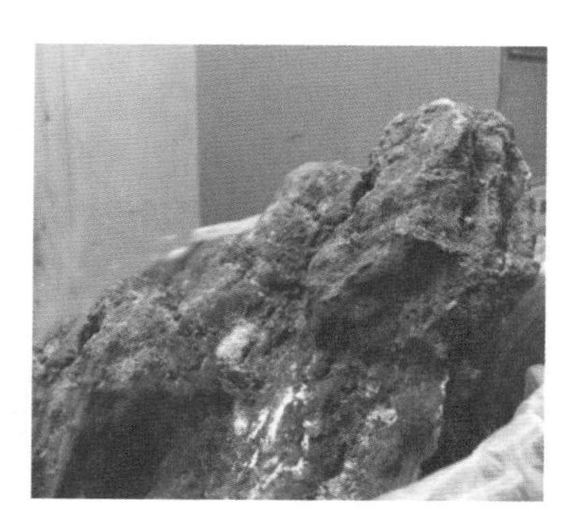

图4-10　科考队员采集到的海底热液硫化物

值得注意的是，稀土元素的分布很广，根据获得的陨星、陨石及太阳和太阳系的光谱分析数据，都发现宇宙中存在稀土，引起了人们极大的关注。

有报道称，月球含有丰富的稀土元素，从月球或深海挖掘这些珍贵矿物质并不是天方夜谭。据悉，美国已经开始制定月球稀土的开采计划。

4.4　稀土矿是如何找到的?

虽然稀土元素广泛存在于自然界中，但它埋藏地下，具有稀少、隐蔽和复杂的特点，在原始地幔和超基性岩中含量甚微，不易富集成具有实用价值的稀土矿床。而在地壳及其发展演化形成的花岗岩类、碳酸岩类、碱性岩类岩石中则大量富集，常形成具有工业开采价值的大型或超大型稀土矿床。

如何才能找到矿区呢？地质工作者在野外找矿时，在河边用一个圆盘盛着泥沙在水中淘洗，有时还将采集的矿石带回驻地粉碎后淘洗，这就叫做“重沙找矿法”，它是矿产普查和区域地质调查中广泛使用的一种找矿方法。还有一种方法更加常见，地质工作者直接在河口、支流、小溪里采集水样，将这些水样送进实验室化验就可以得到哪些地区有矿、都有什么矿的结论。这种办法叫做“水化学找矿法”，它是利用地下水化学成分的变化规律寻找矿藏的方法。

找矿都是靠运气吗？当然不是，如果你没有科学的找矿技术和丰富的找矿经验，整天想着“天上掉下个金块块”，那才是天方夜谭。

如何才能找到这些矿床呢？又如何发现有用组分或有用矿物？这就必须通过地质学理论和地质勘探来实现。

地质学是七大自然科学之一，是研究矿产形成与分布的地质条件、矿床赋存规律、矿体变化特征及对矿产或矿床的勘查与评价。

地质勘探（见图4-11）是在矿产普查中发现有工业价值的矿床，最终目的是为矿山建设设计提供矿产资源、储量和开采技术条件等必需的地质资料。

图4-11　地质勘探照片

其中物理勘探，简称“物探”，是以各种岩石和矿石的密度、磁性、电性、弹性、放射性等物理性质的差异为研究基础，用不同的物理方法和物探仪器，探测天然的或人工的地球物理场的变化，通过分析、研究获得的物探资料，推断、解释地质构造和矿产分布情况。主要的物探方法有重力勘探、磁法勘探、电法勘探、地震勘探、声波勘探、放射性勘探等。依据工作空间的不同，又可分为地面物探、航空物探、海洋物探、井中物探等。

近年来的研究表明，稀土元素所拥有的特征谱带基本不随赋存状态的不同而变化，能够证实其自身存在。通过研究稀土元素及其化合物在可见光-近红外光波段的光谱特征，可构建半定量反演地物中稀土元素含量的模型，从而通过资源卫星的数据反演，证实其在自然界中存在。这就像给稀土元素设定“光谱身份证”，然后通过卫星识别“身份证”信息，足不出户就能在自然界中搜寻稀土矿藏。

通过地质勘探，已查明中国稀土资源的时代分布主要集中在中晚元古代以后的地质历史时期，太古代时期很少有稀土元素富集成矿，这与活动的中国大陆板块演化发展历史有关。

中国稀土矿床不论其成因类型为何，在构造分区上，同世界其他地区的稀土矿床一样，均分布于地壳活动区的褶皱带或过渡带，如秦岭褶皱带、华南褶皱带、三江褶皱带、华北板块北缘裂谷系、川滇裂谷系等。

4.5 世界稀土究竟有多少？

世界稀土储量究竟有多少，各国在其中又各占多大比例？至今尚无完整一致的统计数据。这是因为任何一种金属的储量和资源量的数量是经常变化的。在人们对稀土金属的可供性忧心忡忡的年代里，不同国家给出的资源数据存在巨大的差异。而且由于引用文献出处不同，关于世界稀土资源储量和各国所占比例的数据也一直处于变化之中。

目前，对稀土资源的评估存在着显著差异的主要原因有：一是随着各国对稀土资源勘探的深入，在一些地区发现了新的稀土矿床，由此便增加了世界稀土的储量，从而改变了各国稀土储量的比例；二是世界各国对稀土矿的边界品位没有统一标准，由此，对矿区中稀土储量的评估会产生相当大的差异。

近几年来，在稀土资源的勘查与研究方面取得重大进展，先后发现了一批大型或超大型稀土矿床，如澳大利亚的韦尔德山、俄罗斯的托姆托尔、加拿大的圣霍诺雷、越南的茂塞等稀土矿床。尽管如此，中国的稀土资源仍居世界首位，且资源潜力很大，因此有理由认为，今后相当长的时间内中国稀土资源大国的地位不会改变。

美国地质调查局数据显示，截至2022年全球稀土矿储量约1.2亿吨（以稀土氧化物计，下同），主要分布在中国、巴西、俄罗斯、印度、澳大利亚等国家。其中中国稀土矿储量4400万吨，占世界储量的33.85%，稳居世界第一（见图4-12）。

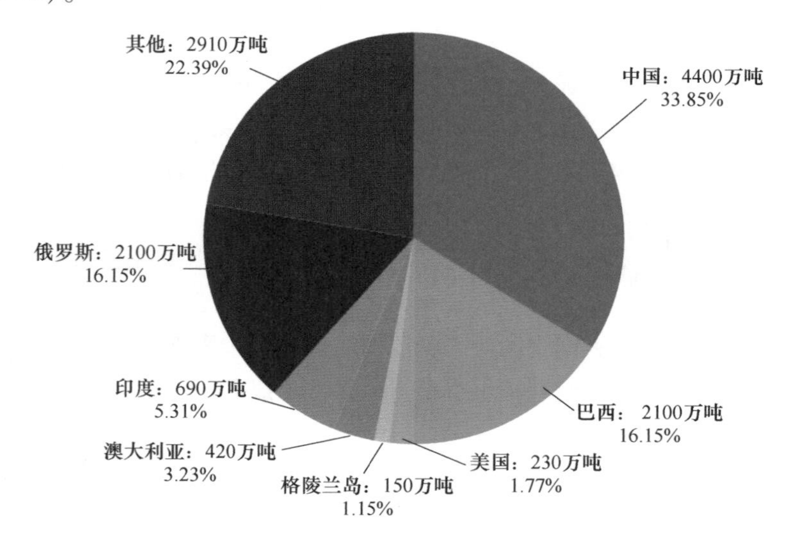

图4-12　2022年全球稀土矿储量分布情况

随着对稀土资源勘探的深入和范围的扩大，将来发现稀土新矿床的可能性还很大。国外有人估计全世界具有前景的稀土资源储量高达6亿吨。

4.5.1 “一骑绝尘”的中国稀土

中国是一个名副其实的稀土资源大国，储量丰富，世界第一，从而使世界称羡不已。除石油外，世界上还从来没有一种资源像稀土这样引人关注。“中东有石油，中国有稀土”更让拥有丰富稀土资源的国人颇为自豪。

中国稀土矿产主要分布在6个稀土矿集区：

（1）华北陆块北缘西段白云鄂博陆缘坳陷带原生矿矿集区，区内有著名的内蒙古白云鄂博矿稀土-铁-铌-钍矿，轻稀土储量世界第一，铌储量世界第二，主要含稀土矿物为氟碳铈矿、独居石、氟碳钙铈矿，含铌矿物是铌铁矿、烧绿石等。

（2）华南造山系南岭造山带风化壳离子吸附型稀土矿矿集区，典型矿床有南方七省区，即赣、粤、桂、闽、湘、滇、浙的风化壳淋积型稀土矿，具有代表性的有江西寻乌河岭稀土矿、江西信丰安息稀土矿、江西龙南足洞稀土矿等。

（3）东南沿海海滨砂矿矿集区，包括粤、闽、桂、湘、琼、台湾等地发育海滨独居石-锆石-钛铁矿砂矿型稀土矿。

（4）扬子陆块康滇隆起西缘陆缘坳陷带原生矿矿集区，含四川冕宁—德昌稀土成矿带，主要稀土矿物为氟碳铈矿，次为钛铈矿、褐帘石等。

（5）扬子陆块洞庭断陷砂矿矿集区，包含湖北竹山庙垭、通城隽水，湖南湘阴望湘等稀土矿。

（6）华南造山系云开隆起砂矿、风化壳离子吸附型稀土矿矿集区，典型矿床有广西贺县姑婆山稀土矿、广西贺县“725”稀土矿。

据统计，目前国内有22个省区发现有上千处稀土矿床或矿（化）点。中国稀土矿产分布范围广且相对集中。

中国地质科学工作者不断探索和总结中国地质构造演化、发展的特点，运用和创立新的成矿理论，在全国范围内发现并探明了一批重要稀土矿床。

20世纪50—80年代先后探明了超大型白云鄂博稀土-铁-铌-钍矿床；江西、广东等地的风化壳淋积型稀土矿床；山东微山稀土矿床和四川凉山“牦牛坪式”大型稀土矿床等。其中内蒙古包头白云鄂博及四川凉山、山东微山、江西赣南、广东、湖南、广西等地的稀土资源量占全国稀土资源总量的97%。

白云鄂博的稀土总储量（以稀土氧化物计）为3500万吨，堪称世界第一大稀土矿（见图4-13）。不仅稀土储量居世界之最，而且稀土元素含量高，种类多。稀土矿物中轻稀土占79%，钐、铕含量比美国芒廷帕斯稀土矿高一倍，尤其是铈、钕等稀土元素含量丰富，具有重要的工业价值。更值得关注的是，钪资源储量也很丰富。

图 4-13　世界上最大的稀土矿——白云鄂博矿

四川凉山牦牛坪稀土矿床位于攀西裂谷西缘，是近年来发现的世界第三大稀土矿床。该稀土矿是以氟碳铈矿为主，伴生有氟碳钙铈矿、硅钛铈矿和重晶石等，原矿稀土品位为 0.5%~5%，是组成相对简单的一类易选的稀土矿。

山东微山稀土矿是以氟碳铈矿为主，伴生有重晶石等，其组成相对简单，是一种易于选别的稀土矿。

世界罕见的风化壳淋积型稀土矿是一种新型稀土矿种，它的选冶相对比较简单，且含中重稀土较高，是一类很有市场竞争力的稀土矿。

褐钇铌矿为湖南特有的重稀土矿藏，保有量居全国首位。另外，湖南还有全国最大的独居石矿及磷钇矿，钪资源也比较丰富。

在整个南海的海岸线及海南岛、台湾岛的海岸线可称为海滨砂矿存积的黄金海岸，其中独居石和磷钇矿是处理海滨砂矿回收钛铁矿和锆英石时作为副产品加以回收。另外还有广东电白、博贺海滨冲积独居石砂矿等。

尚未开发和新发现矿床有内蒙古通辽扎鲁特旗巴尔哲铍-铌-稀土-锆矿床（图 4-14 为产自通辽的重稀土矿石，代号 801 矿）及新疆瓦吉里塔格北稀土矿和湖北竹山庙垭稀土矿等。

图 4-14　产自通辽的重稀土矿石

中国稀土资源的基本特点是储量大、矿种全、稀土各元素配分齐全。白云鄂博矿、风化壳淋积型稀土矿、氟碳铈矿和海滨砂矿的占比分别为62%、16%、14%和5%。

中国稀土资源战略价值体现在“人无我有，人有我优”。

4.5.2 巴西稀土久负盛名

巴西是世界上生产稀土最古老的国家，1884年开始向德国出口独居石，曾一度名扬世界。巴西的独居石资源主要集中于东部沿海，矿床规模大，从里约热内卢到北部福塔莱萨长达约643km区域。另外还有阿腊夏、赛斯拉估什碳酸岩风化壳稀土矿床等。

近年来，在莫鲁杜费鲁发现含钍脂铅铀矿、氟碳铈矿和褐钸石等稀土矿床。此外，巴西的铌矿（占世界铌储量的90%）也富集稀土。

巴西科学、技术和创新部的矿业技术报告称，在巴西帕拉州萨洛波地区发现稀土矿藏，并称该稀土矿具有与澳大利亚稀土矿相似的质量。

4.5.3 澳大利亚稀土潜力大

澳大利亚是独居石资源大国，其东、西海岸都有独居石砂矿床，主要集中在西部地区。独居石是生产锆英石、金红石及钛铁矿的副产品。

澳大利亚可开发利用的稀土资源还有位于昆士兰州中部艾萨山的采铀的尾矿，南澳大利亚州罗克斯伯唐斯铜、铀金矿床及韦尔德山碳酸岩风化壳稀土矿床、诺兰稀土矿床和奥林匹克坝稀土矿等。

韦尔德山稀土矿床（见图4-15）位于澳大利亚西澳大利亚州拉沃顿镇，是一个稀土、铌、钽和磷共生矿床，稀土矿物主要为假象独居石。稀土矿床由CLD和Duncan两部分构成，最大特点是品位高。CLD矿段稀土资源总量为145万吨（稀土氧化物），平均品位约9.7%；Duncan矿段43.5万吨，平均品位4.8%。

图4-15　韦尔德山稀土矿床

诺兰稀土矿床位于澳大利亚北领地州艾丽思斯普瑞斯城。矿体产于变质的花岗岩体中，主要为富钍独居石和含氟的磷灰石，除含稀土外，还伴生铀。

赛厄斯顿钪矿位于澳大利亚新南威尔士州的中部，距离悉尼西北偏西方向大约350km。2016年已证实是世界上规模最大和品位最高的钪矿床。按照0.03%的边界品位，赛厄斯顿项目探明、推定和推测资源量为2820万吨，钪品位0.0419%，即钪储量为11819t。

4.5.4　美国稀土引人注目

美国稀土资源储藏量较大的稀土矿主要有氟碳铈矿、独居石，以及在选别其他矿物时，作为副产品可回收的黑稀金矿、硅铍钇矿和磷钇矿。

美国有14个州蕴藏大量稀土矿，其中已知储量最大的是加利福尼亚州的芒廷帕斯山、阿拉斯加州的博坎山脉和怀俄明州的贝诺杰山。

芒廷帕斯矿山是世界上最大的单一氟碳铈矿矿山（见图4-16）。它的发现近乎偶然，1949年两名探矿人员带着借来的盖格计数器寻找铀矿，当他们行至芒廷帕斯矿区附近时，发现了一种奇怪的矿石样本，仪器显示出放射性反应，于是两人把这种矿石当作铀矿样品送往美国地质勘探局进行检测，其结果是，矿石被鉴定为氟碳铈矿。这是“无心插柳柳成荫”的杰作，两名探矿人员竟然意外地发现了一个巨大的稀土矿床。

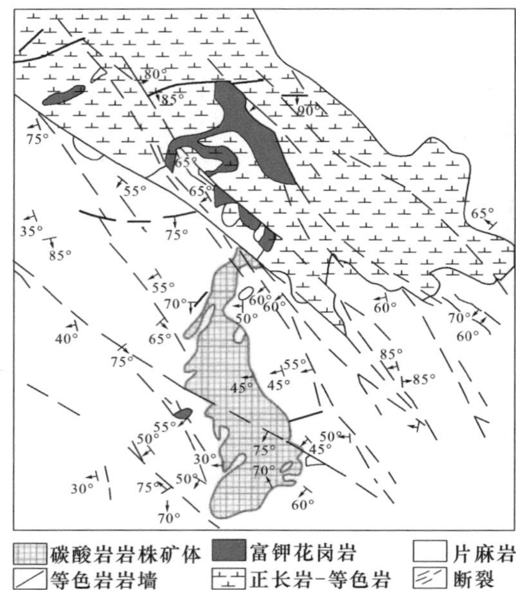

图4-16　芒廷帕斯矿

美国地质勘探局于次年对该地区进行了大规模的地质调查和勘探，逐渐探明这是一个世界级的轻稀土矿床，稀土矿物主要为氟碳铈矿。矿山目前保有矿石储量5000万吨，稀土氧化物平均品位为8%~9%，含稀土氧化物430万吨。

贝诺杰稀土矿山位于美国怀俄明州东北部的贝诺杰山的中北段。矿山的稀土矿体赋存在碳酸岩细脉群或碳酸岩岩墙中，而稀土元素主要赋存在磷锶铬矿、氟碳铈矿和氟磷钙铈矿等矿物中。总稀土氧化物量为36.3万吨，其中镧、铈、镨、钕和钐氧化物占稀土总量的98%左右。

美国独居石资源有东南海岸砂矿、西北河床砂矿及大西洋大陆架沉积矿等。现在开采的独居石砂矿是佛罗里达州的格林科夫斯普林斯矿。此外，北卡罗来纳州、南卡罗来纳州、佐治亚州、爱达荷州、蒙大拿州和阿拉斯加州也有砂矿分布。

4.5.5 俄罗斯稀土榜上有名

俄罗斯重点开发的稀土矿是位于俄罗斯远东地区的托姆托尔碳酸岩风化壳稀土矿床，大约有1.5亿吨稀土矿石储量，主要含钇、钪、铽及铌等。另外还有希宾磷霞岩稀土矿床等。

俄罗斯的其他稀土矿主要有铈铌钙钛矿、磷灰石及赫列比特和森内尔的氟碳铈矿。这些稀土矿床主要集中在科拉半岛，其中摩尔曼斯克的伴生矿床的主要矿物是铈铌钙钛矿-异性石（主要含钇族稀土）。

在科拉半岛的希比内山形成了世界上最大的火成岩磷灰石矿床，存在于碱性岩中的含稀土的磷灰石-霞石中的稀土以轻稀土为主，稀土资源储量约为900万吨（以稀土氧化物计）。俄罗斯的稀土来源主要是从磷灰石矿中回收。

4.5.6 印度独居石砂矿闻名遐迩

印度的主要稀土矿床是砂矿，分布在海滨砂矿和内陆砂矿中（见图4-17）。最大矿床分布在喀拉拉邦、马德拉斯邦和奥里萨拉邦。特拉范科大矿床位于印度南部西海岸的恰瓦拉和马纳范拉库里奇，它在1911—1945年间的供矿量就占世界的一半，现在仍然是重要的矿产地。1993年，印度原子能部估计，独居石总储量为456万吨。

1958年，在铀、钍资源勘探中，在比哈尔邦内陆的兰契高原上发现了一个新的独居石和钛铁矿矿床，规模巨大，据报道每平方千米有1350t独居石，但目前尚未开采。

图 4-17　印度独居石砂矿

4.5.7　加拿大的稀土矿藏

加拿大主要从铀矿中回收稀土。位于安大略省布莱恩德里弗・埃利特湖地区的铀砾岩矿，主要由沥青铀矿、钛铀矿、独居石和磷钇矿组成，在用湿法提取铀时，可把稀土也一并提取出来。

怪湖蚀变花岗岩锆-稀土-铌-铍矿床中的稀土矿物为硅铍钇矿、氟钙钠钇石和烧绿石，已探明矿石储量为 3000 万吨，稀土含量为 1.3%（见图 4-18）。

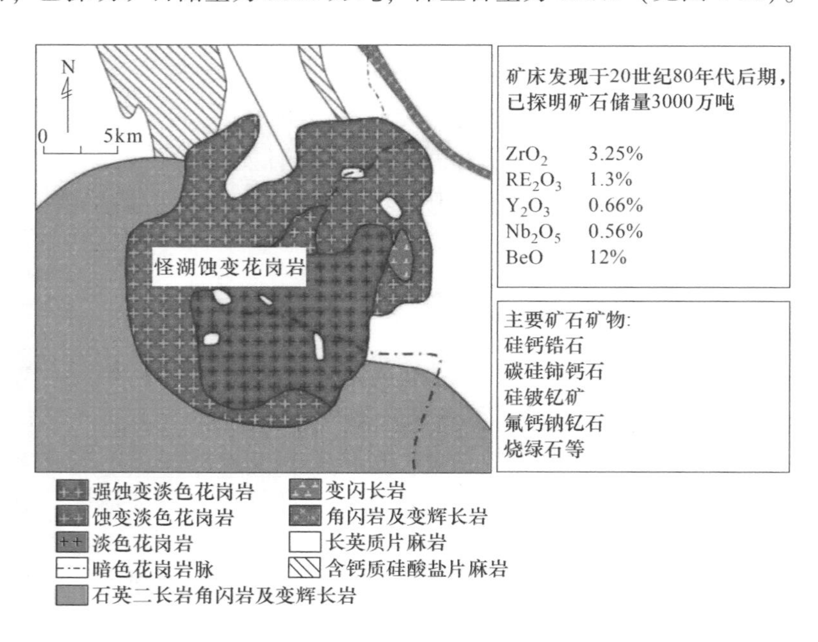

图 4-18　怪湖蚀变花岗岩型 Zr-RE-Y-Nb-Be 矿床

托尔湖稀土矿床位于加拿大的西北领地州麦肯锡矿区。1976 年，海伍德资源公司在该区开展铀矿勘查时发现了大规模的稀有金属和稀土矿化带，主要稀土矿物是褐钇铌矿和独居石，矿石量为 6500 万吨，稀土品位为 2.0%。

霍益达斯湖稀土矿床位于加拿大萨斯喀彻温省北部铀城地区。20 世纪 50 年代，该区曾被当作铀矿勘探，直到 1999 年，才在该区发现稀土矿床，稀土主要赋存在磷灰石、褐帘石等矿物中。资源量为 115 万吨，共含稀土氧化物量 3.5 万吨。

在魁北克省的奥卡地区拥有的烧绿石矿（含有铌、稀土、铀、钍、锆、钛等元素）也是稀土的一个很大潜在资源。此外还有纽芬兰岛和拉布拉多省境内的含钇和重稀土的斯特伦奇湖圣霍诺雷稀土矿床等。

4.5.8 其他稀土资源

南非是非洲地区最重要的独居石生产国。位于开普省的斯廷坎普斯克拉尔的磷灰石矿伴生有独居石，是世界上唯一单一脉状型独居石稀土矿。在布法罗萤石中伴生独居石和氟碳铈矿，东南海岸的查兹贝的海滨砂矿中也含有稀土。

南非主要是从锡矿的尾矿中回收独居石、磷钇矿和铌钇矿等稀土矿物，曾一度是世界重稀土和钇的主要来源。

德国科学家在对南非萤石矿（见图 4-19）的岩石样本进行研究后发现，这种从花岗岩状岩浆的沉积物中开采的铁橄榄石晶体内可能含有大量的稀土元素。这一发现有两种潜在的影响：第一，铁橄榄石遍布全球的火成岩和深成岩中，分布范围广；第二，这种矿石里基本以重稀土元素为主。

图 4-19 南非萤石矿

埃及主要是从钛铁矿中回收独居石，矿床位于尼罗河三角洲地区，属于河滨砂矿，矿源由上游风化的冲积砂沉积而成，独居石储量约 20 万吨。

近年来，在格陵兰岛、阿富汗、朝鲜也发现大量轻稀土矿。格陵兰岛已经发现了9个稀土矿床，其稀土氧化物储量也十分引人注目。

英国《自然地球科学》杂志报道称，太平洋海底泥土中蕴藏着大量的稀土。

值得关注的是，过去说，富含中重稀土的风化壳淋积型稀土矿是中国独有类型。可近期发现，除了与中国接壤的越南、老挝、缅甸等国发现有丰富的风化壳淋积型稀土矿外，在马达加斯加和智利也发现了风化壳淋积型稀土资源。

各种高科技产品须臾也离不开稀土，所以，世界各国都为寻找掌握更多稀土资源而绞尽脑汁。

4.6 保护稀土资源

地球资源是有限和不可再生的，对矿产资源的过度攫取和不合理的开发必将带来资源的枯竭和对地球生态环境的负面影响。合理有效地利用地球资源，维护人类的生存环境，已经成为当今世界共同关注的问题。

稀土是世界公认的发展高新技术、国防尖端技术、改造传统产业不可或缺的重要资源，因此稀土也成为当今世界各大经济体争夺的战略资源；稀土原材料往往上升至国家战略，欧、美、日等国家和地区对稀土等关键材料更为重视。所以只有我们共同开发和保护稀土资源，才能让这宝贵的稀土之光照亮中国、照亮全世界！

稀土作为一种不可再生资源，在短期内不太可能有替代品，可能的替代会以牺牲材料的性价比为代价。一旦稀土资源被消耗殆尽，我们的生活将受到巨大的影响。因此，如何开发和利用好稀土资源，被认为是关系人类未来发展的重大课题之一。我们应大力发展稀土绿色开采和可持续发展应用技术，让这种宝贵的资源得到充分的利用。

保障稀土资源得到保护和充分利用，不仅国家需要加强对稀土资源的保护，国人也应该加强对稀土资源的了解，增强保护意识。保护好现在的资源，就是在造福子孙后代。

要利用和维护好宝贵的稀土资源，最根本的是要提高稀土矿山开采回采率、选矿和冶炼的稀土回收率和其他有价元素的综合利用率。

白云鄂博多元素共生矿因富含稀土资源而备受关注。随着选矿技术的重大突破，不仅能有效地从白云鄂博矿选铁尾矿分选稀土，而且还可以综合回收萤石、铌和钪等有价值元素。目前，在白云鄂博矿区建成了综合利用国家重点基地。当前由于炼铁的需要，矿石开采量比较大，还有一部分尾矿需要堆放在矿山尾矿库，形成第二矿山以后就会按稀土需求进行重新利用。

从白云鄂博稀土矿物中提取稀土时，提高重稀土的回收率，综合回收利用钍、钪、磷、氟等元素势在必行。

绿色能源是高新技术聚集的重要区域，因此，稀土也注定成为绿色能源发展中不可或缺的核心资源。用绿色去保护资源，用科技去点亮资源，在新的起点，乘着绿色与科技的翅膀，稀土产业的跨越势不可挡。

5 稀土是怎样提炼出来的

自然界的稀土是不能直接使用的。美国稀土专家指出，稀土资源在被精炼成金属和其他氧化物之前几乎无法应用到技术或国防领域。所以探明稀土矿藏分布和储量只是稀土应用的一小步，重头戏还在于矿石开采、稀土矿物富集和稀土金属冶炼。

天然稀土矿中的稀土含量很低，加之矿石中成分复杂，各稀土元素化学性质彼此相似，所以稀土矿石开采及稀土矿物的富集、稀土的提取、分离和纯化过程的技术难度较大。难怪有人甚至发出“没有（不同产地的）两种稀土矿石是真正相同的”的感叹，因此，几乎没有放之四海而皆准的开采、富集、提取稀土元素的工艺技术。由于中国稀土资源的特殊性，采用的选矿、提取、分离工艺技术都具有独创性和明显的中国特征。

稀土从资源开发到应用的主要工艺过程是：采矿→选矿→冶炼→制备成稀土产品，进而又可进一步制备成各种功能材料（见图 5-1），最后才能真正被用于终端产业，如工业、农业、民用、军事、航空航天和高科技等。

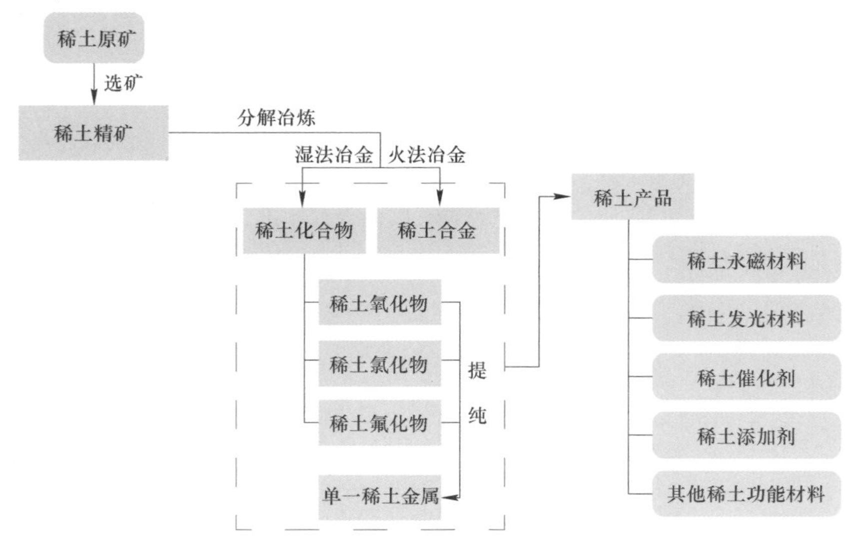

图 5-1　稀土从资源到开发的主要工艺过程

5.1 矿石开采

矿石开采就是把稀土矿石从矿床中挖掘出来的过程。矿石开采方式分为露天开采、地下开采和特殊开采三大类。

第一类为露天开采，是先将矿体上覆盖的岩土剥离，然后开采矿体。硬岩矿物的露天开采多采用台阶式机械化开采。砂矿也是采用露天开采，通常采用台阶式机械化开采、水力机械化开采、采砂船开采等方式。

图 5-2 为白云鄂博矿露天开采的采场一角。

图 5-2　白云鄂博矿露天开采的采场一角

白云鄂博矿的开发利用遵循“在保护中开发，在开发中保护”的总原则，在开采铁矿石过程中，含稀土岩石、含铌岩石、稀土白云岩和含铌板岩采取分穿、分爆、分运、分堆的处理措施，并把稀土白云岩和含铌板岩分设专门排土场进行单堆保护。

第二类是地下开采，先从地表掘进井巷到达矿体，然后开采矿石。地下采矿方法可分为空场采矿法、充填采矿法和崩落采矿法等。

第三类为特殊开采，有池浸、堆浸、原地浸、水溶、热熔、盐湖采矿和海洋采矿等。风化壳淋积型稀土矿的开采方式为堆浸和原地浸出两种工艺。

堆浸工艺原则流程如图 5-3 所示。

原地浸出工艺属于化学采矿的溶浸采矿方法。溶浸采矿是一种集采矿、选矿、冶金于一体的新采矿理论和采矿方法。它是利用某些化学溶剂，有时还借助于微生物的催化作用，溶解、浸出矿床或矿石的有用成分。图 5-4 为原地浸出工艺示意图。

图 5-3　堆浸工艺原则流程

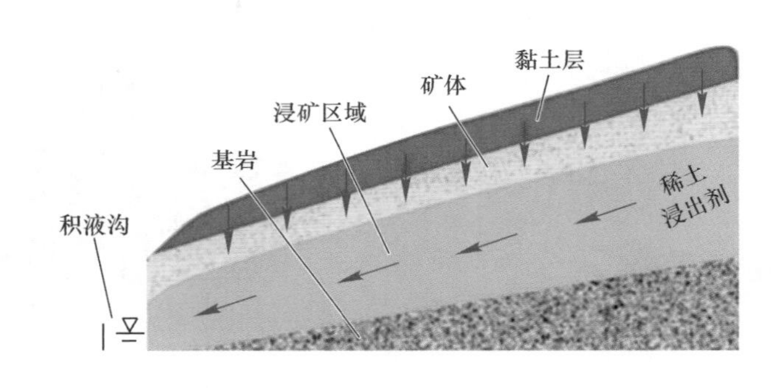

图 5-4　原地浸出工艺示意图

原地浸出工艺是在溶矿区加入浸出剂，与稀土反应后的浸出液顺着斜坡进入积液沟，再从积液沟收集稀土浸出液，然后经过进一步处理，即可得到混合稀土氧化物。

5.2　稀土矿物的富集

从稀土矿山开采出来的稀土矿石中，因伴生有其他矿石而使稀土氧化物含量仅为百分之几到千分之几，甚至更低。这些矿石不能直接为人们所用，必须采用选矿方法把稀土矿物与脉石及其他有用矿物相互分开，以提高稀土矿石中的稀土氧化物含量，得到能满足稀土提取或冶炼合金要求的稀土精矿，精矿中的稀土氧化物的质量分数称为精矿的稀土品位。

选矿就是利用组成矿石的各种矿物之间的物理化学性质的差异，采用不同的方法把稀土矿物挑选出来而获得精矿的矿石加工过程。稀土矿物的选别一般依据稀土与伴生矿物之间的性质差异选用不同的选矿方法，其中浮选法和重选法是比较常用的单一选矿技术。另外还有磁选、电选、化学选矿和其他选矿技术等（见图 5-5）。

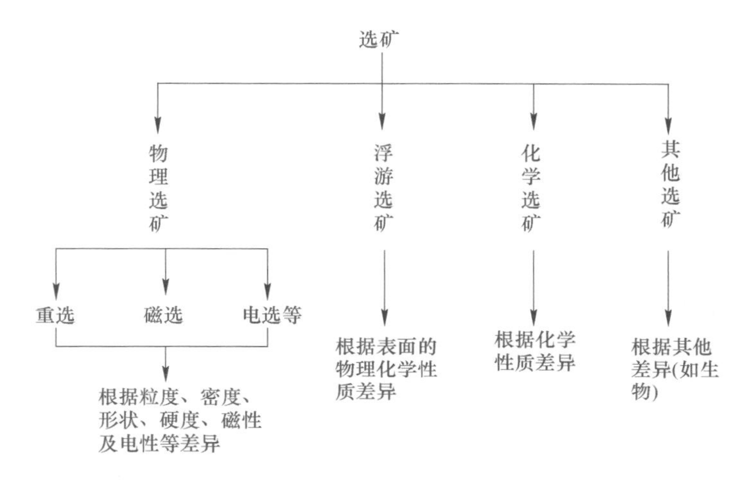

图 5-5　选矿方法

浮选法的全称为浮游选矿法。它是利用稀土矿物与伴生矿物表面润湿性的差异，在浮选机的矿浆中添加浮选药剂，借助气泡的浮力使稀土矿物与伴生脉石及其他矿物分离的工艺，是轻稀土矿的主要选矿方法。浮选分为：粗选，对原矿浆进行浮选；精选，对粗选精矿再次浮选；扫选，对粗选尾矿再次浮选。粗选通常是一次，精选、扫选次数较多、变化较大，这与矿石的性质、精矿的质量要求、欲选成分的价值等有密切关系。

图 5-6 为浮选法选矿生产现场。

图 5-6　浮选法选矿生产现场

微山稀土矿是在弱酸性（pH=5）矿浆中加入硫酸、水玻璃、油酸和煤油浮选稀土矿物，经一次粗选、三次精选、三次扫选得到稀土品位为45%~60%的稀土精矿，稀土回收率可达75%~80%。

在弱酸性（pH=5）和常温下，用邻苯二甲酸对微山稀土矿选择性捕收，可获得高品位氟碳铈矿精矿，精矿稀土品位为70%左右，稀土回收率约65%。

白云鄂博矿石中的氟碳铈矿和独居石的密度和磁性基本相同，因此目前只能通过浮选法实现两者的分离。在分选过程中加入明矾作为独居石的抑制剂，邻苯二甲酸作为氟碳铈矿的捕收剂，经过一次粗选、两次精选和两次扫选，最终获得稀土品位不小于68%的氟碳铈矿精矿和稀土品位不小于58%的独居石精矿。

浮选法能够有效提高细粒稀土矿物的回收利用率，但是与重选法相比，浮选过程中需要添加不同种类的药剂，选矿成本较高，而且会对环境造成污染。

重力选矿法简称重选法。它是在一定的流体（通常是指水）介质中，基于矿物密度差异实现矿物分离的选矿技术（见图5-7）。

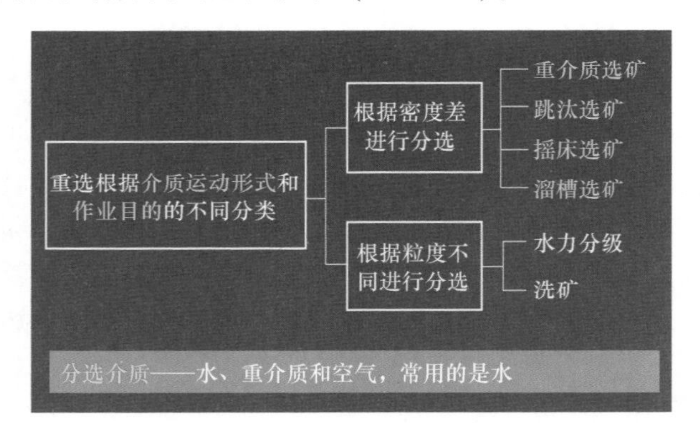

图5-7 重力选矿原理

四川牦牛坪稀土矿属于易选矿物，可采用单一重选工艺，即原矿石磨至通过200目（0.074mm）筛孔的矿石量占62%，再经水力分级箱分成四级，分别在刻槽矿泥摇床（见图5-8）上分选，可得到稀土品位为30%、50%、60%的三种氟碳铈矿精矿，总作业回收率为75%。

浮选—重选—浮选流程是白云鄂博矿的专用技术，它是将弱磁选获得的磁铁矿尾矿首先浮选出萤石，再通过粗选和精选获得稀土泡沫产品，把它浓缩后再进行重选，然后将经过两段摇床分选获得的重选精矿再次进行浮选，最终经一次粗选和3~5次的精选可得到稀土品位分别为60%的稀土精矿和30%的稀土次精矿。

磁力选矿简称磁选，是利用各种矿物的磁性差异，在非均匀的磁场中进行选

图 5-8 刻槽矿泥摇床

分矿物的一种选矿方法。按磁选机的磁场强弱，可分强磁选和弱磁选；根据分选时所采用的介质，又分为湿式磁选和干式磁选。白云鄂博矿经弱磁选、强磁选，然后以强磁中矿、强磁尾矿为入选原料生产稀土精矿，其中稀土精矿选别回收率大于 12%（REO），作业回收率为 70%；铁精矿中稀土含量为 0.65%~1.0%，大部分稀土排入尾矿库中堆存。

以白云鄂博氧化矿的强磁选尾矿为原料，采用一次粗选、一次精选、一次扫选或一次粗选、两次精选、一次扫选的浮选工艺流程，可获得高品位（REO≥65%）稀土精矿和稀土品位为 REO≥50%的次精矿。高品位稀土精矿是后续的稀土提取工艺尤其是碱法工艺的优质原料。

四川牦牛坪稀土矿床中的自然组合类型主要有霓辉石、重晶石、黑云母和氟碳铈矿。其特征是矿物晶体粗大，氟碳铈矿是粗晶板状与造岩矿物互相嵌生，或其本身呈一种板状晶簇。通常采用磁选—重选或重选—磁选组合工艺分选氟碳铈矿精矿。

5.3 稀土冶金技术

把稀土从精矿中提取出来，再进一步把各单一稀土元素彼此分离开来，并制备成不同种类、不同纯度的单一稀土化合物或金属（或合金）的过程称为稀土冶金。稀土冶金又分为湿法冶金和火法冶金（见图 5-9）。

5.3.1 湿法冶金技术——水中淘宝

稀土元素是以群体方式被“绑架”在稀土矿物里，如何才能把它们从中“解救”出来，又如何把各单一稀土元素彼此分离开来？科技工作者们研究出来的湿法冶金技术即可将上述问题迎刃而解。

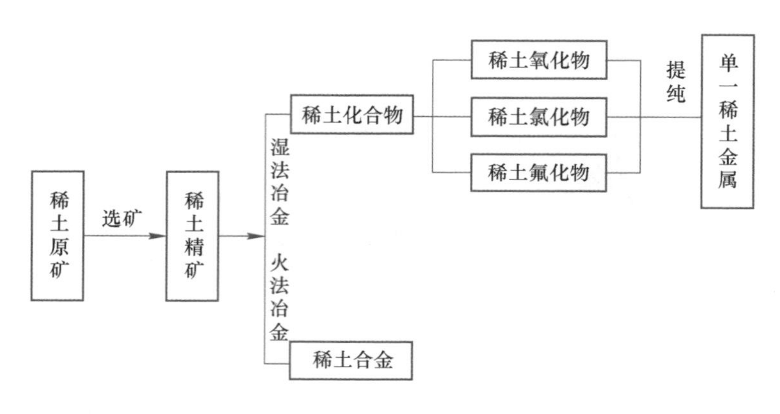

图 5-9　稀土冶金原则流程

稀土湿法冶金属化工冶金方式，稀土提取分离过程多数处于溶液之中，整个过程基本都在较低的温度下进行。

5.3.1.1　稀土的提取

精矿中的稀土，通常是以难溶于水的碳酸盐、氟化物、磷酸盐、氧化物或硅酸盐等形态存在。必须采用各种化学试剂把精矿中的稀土转化为溶于水或无机酸的化合物，经过溶解、净化、沉淀或浓缩等过程，在除去大部分杂质的同时，制成各种混合稀土化合物，如混合稀土氯化物，可作为分离单一稀土的原料。

混合稀土氯化物生产线如图 5-10 所示。

图 5-10　混合稀土氯化物生产线

习惯上，把从稀土精矿中提取稀土的方法称为精矿分解法。由于稀土矿物种类很多，因此从稀土精矿中提取稀土的方法也各不相同。总的来说，可分为酸分解法和碱分解法，也可以采用热分解法等。酸分解法又分为盐酸分解、硫酸分解或氢氟酸分解法等。碱分解法又分为氢氧化钠水溶液分解、氢氧化钠熔融分解或碳酸钠焙烧分解等。一般根据精矿的类型、品位、组成，产品方案，便于非稀土元素的回收与综合利用，有利于劳动卫生与环境保护，技术先进、经济合理等原则选择适宜的提取技术。

A 白云鄂博稀土精矿中稀土的提取

白云鄂博稀土精矿的分解方法通常分为浓硫酸分解法和烧碱分解法。

浓硫酸分解法萃取转型制取氯化稀土的主要工艺过程如图 5-11 所示。

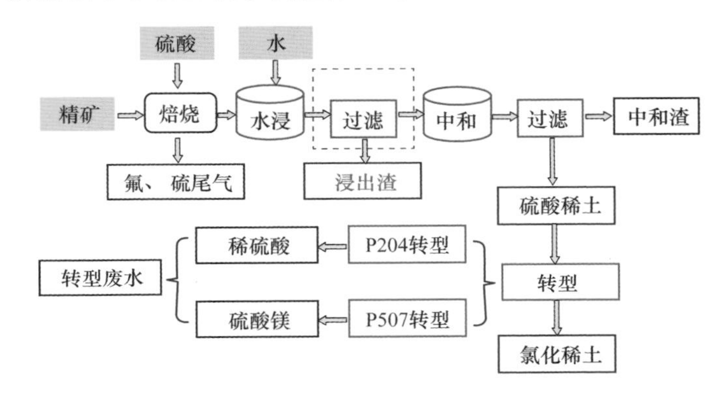

图 5-11 浓硫酸分解法萃取转型制取氯化稀土的主要工艺过程

也可采用如下工艺：稀土精矿—加浓硫酸焙烧—水浸出—碳酸氢铵沉淀—盐酸溶解—混合氯化稀土溶液。

浓硫酸焙烧是把精矿与硫酸混合后在较高的温度下焙烧，焙烧产物中的稀土转化成可溶于水的稀土硫酸盐，再用水浸出焙烧产物，绝大部分稀土进入浸出液。浸出液除去铁、磷、钍等杂质后，再加入碳酸氢铵将稀土沉淀为稀土碳酸盐，然后用盐酸溶解即可得到混合氯化稀土溶液。

焙烧过程中，精矿中的氟以氟化氢、氟硅酸形态进入尾气，部分硫酸被分解成三氧化硫和二氧化硫进入尾气，通过水吸收，氟和三氧化硫一起以氢氟酸、氟硅酸和硫酸进入水吸收液，再经过处理可回收部分氢氟酸和硫酸，而二氧化硫则排入大气。尾气水吸收液的无害化处理有很大难度。由于水浸出渣是一种含有钍的放射性的废渣，必须在专用渣库中堆存。

烧碱分解法的主要工艺过程如图 5-12 所示。白云鄂博稀土精矿中钙含量较高，在烧碱分解过程中，钙与磷生成磷酸钙，水洗时难以将它们除去，使稀土的回收率降低，所以必须事先采用稀盐酸浸出将精矿中的钙除去。紧接着用 65%~70%浓度的烧碱溶液，在 160~170℃下分解 1h，精矿的分解率就可达到 96%以上。通过水洗可将分解产物中的磷酸钠、氟化钠、碳酸钠和剩余的烧碱一起洗去，得到比较纯净的稀土氢氧化物。再用盐酸溶解、净化除去铁和钍等杂质，即可制得纯净的混合氯化稀土溶液。盐酸溶解残渣含稀土很少，可直接排放。

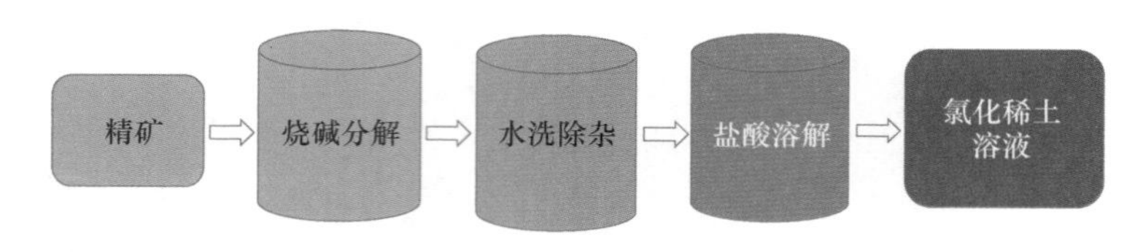

图 5-12　烧碱分解法的主要工艺过程

水洗液中的磷酸钠、氟化钠、碳酸钠和剩余的烧碱可通过蒸发浓缩制得磷酸钠、氟化钠、碳酸钠结晶体，浓碱液可返回烧碱分解工序，循环使用。

B　氟碳铈矿中稀土的提取

对于氟碳铈矿通常采用加热分解工艺，也称氧化焙烧分解工艺，即通过焙烧可使氟碳铈矿分解为稀土氧化物、氟氧化物和氟化物，同时其中的铈被氧化成四价。

目前，生产中实际应用的提取工艺技术有盐酸法、硫酸法和酸-碱联合法。

（1）盐酸法是用盐酸优先浸出焙烧产物，得到少铈混合氯化稀土溶液Ⅰ和浸出渣Ⅰ。再用烧碱溶液分解浸出渣Ⅰ，水洗除去氟等杂质，得到稀土氢氧化物，再用盐酸优先浸出，得到少铈混合氯化稀土溶液Ⅱ和浸出渣Ⅱ。少铈混合氯化稀土溶液Ⅰ和Ⅱ合并后，进一步除去铁、钍和铅等杂质，即可用作萃取分离单一稀土的原料。浸出渣Ⅱ用浓盐酸强化溶解，得到氯化铈溶液，除去铁、钍等杂质，再经碳酸盐沉淀、灼烧，即可制备成纯度大于98%的氧化铈产品。

（2）硫酸法的工艺流程是：氟碳铈矿—加热分解—稀硫酸浸出—分步复盐沉淀，可制得铈复盐和含少量铈的稀土复盐，两种复盐分别进行碱转化和盐酸溶解即可得到纯度大于99%的氯化铈和含少量铈的混合氯化稀土溶液。

（3）酸-碱联合法提取稀土工艺有两种：其一，氟碳铈矿—加热分解—盐酸浸出—烧碱分解—盐酸溶解，制备混合氯化稀土；其二，氟碳铈矿—盐酸浸出—烧碱分解—盐酸溶解，制备混合氯化稀土。

C　独居石精矿中稀土的提取

独居石中稀土的提取工艺是：独居石精矿—磨矿—烧碱分解—水洗—盐酸溶解—除去杂质—混合氯化稀土溶液。

独居石稀土精矿粒度较大，必须进行磨矿才能满足烧碱分解的要求。

烧碱分解的烧碱用量为精矿质量的 1.3~1.5 倍，烧碱液浓度为 50%，分解温度不小于 140℃，时间约为 6h。

烧碱分解产物用水洗涤，固体物为氢氧化稀土，用盐酸溶解将稀土溶出，经除铁、钍、铀、镭等杂质后制得纯净的混合氯化稀土溶液，用作分离单一稀土的原料。在工艺过程中，既要从水洗液回收磷酸三钠和烧碱，也要回收钍、铀等。

5.3.1.2　稀土元素的分离

无论采用哪种方法提取出来的稀土几乎都是以稀土家族成员集体出场的。虽然稀土家族集体具有超强的本领，可以用于诸多工业领域，但各兄弟姐妹又具有独特的技艺，所以必须采用更有效的方法把它们分离开来，以便充分发挥它们各自的聪明才智。

稀土元素的分离和提纯是一项极其困难的工作，其主要原因有两个，一是镧系元素之间的物理性质和化学性质十分相似，多数稀土离子半径非常相近，在水溶液中都是稳定的正三价状态；二是稀土精矿分解后所得到的混合稀土化合物中非稀土杂质含量较高。因此，在分离稀土元素的工艺过程中，不但要考虑稀土元素的相互分离，而且还必须考虑稀土元素同伴生的杂质元素之间的分离。所以，稀土元素的分离一直是稀土科技工作者研究的重点。目前稀土元素的分离难题基本得到解决，可以生产出不同化学纯度的各种稀土产品。

稀土元素之间的分离方法包括分步分离法（分级结晶法、分步沉淀法）、氧化还原分离法、离子交换法和溶剂萃取法等（见表5-1）。

表5-1　稀土元素分离方法的原理和特点

方　法	基本原理	优　点	缺　点
分级结晶法	溶解度不同	设备简单、操作复杂	分离效果差
分步沉淀法	溶度积不同	设备简单、操作复杂	分离效果差
氧化还原分离法	价态稳定性不同	效果满意	须为正三价稳定态
离子交换法	与树脂、淋洗剂结合力不同	分离效果很好、产品纯度高	周期长、成本高
溶剂萃取法	萃合物稳定性不同	分离效果良好、纯度可满足要求	某些试剂有毒

A　分步分离法

分步分离法是最古老的湿法分离提纯稀土的方法。它分为稀土硝酸盐复盐分步结晶法和稀土硫酸盐复盐分步沉淀法。从1794年发现的钇到1907年发现的镥为止，所有天然存在的稀土元素都是用这种方法分离的。

分步分离法是利用化合物在溶剂中溶解的难易程度（溶解度）上的差别来进行分离和提纯的。其操作程序是：将含有两种稀土元素的化合物先以适宜的溶剂溶解后加热浓缩，溶液中一部分元素的化合物以结晶或沉淀析出。析出物中，溶解度较小的稀土元素得到富集，溶解度较大的稀土元素在溶液中也得到富集。

因为稀土元素之间的溶解度差别很小，必须重复操作多次才能将这两种稀土元素分离开来，因而这是一件非常困难、非常繁重的工作。全部稀土元素的单一分离耗费了100多年，一次分离重复操作竟达2万次之多，对于冶金工作者而言，其艰辛的程度，可想而知。因此用这样的方法不能大量生产单一稀土产品。

B　氧化还原分离法

用适当的氧化剂或还原剂改变某些稀土离子的价态，使其形成有别于正三价离子性质的化合物，从而达到分离目的的方法称为氧化还原分离法。

先将铈氧化成正四价，控制溶液的酸度，使铈以四价态氢氧化铈沉淀析出而与其他稀土元素分离，或者是用氧化剂先将混合稀土氢氧化物中的铈氧化成正四价，再用盐酸优先溶解，使铈留在渣中，从而达到与其他稀土元素分离的目的。

先用锌粉将铕还原成正二价，然后利用正二价铕离子和正三价其他稀土离子萃取行为的差距，进行多级萃取分离并进行草酸沉淀得到纯氧化铕。

铈和铕的氧化还原分离原理如图5-13所示。

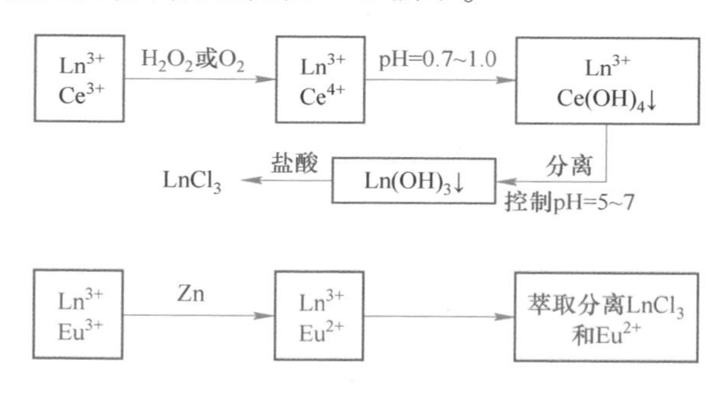

图5-13　铈和铕的氧化还原分离

钐和镱也可用还原分离法将它们与其他三价氧化态的稀土元素分离。

C　离子交换法

由于分步法不能大量生产单一稀土，因而稀土元素的研究工作也受到了阻碍。直到1942年，美国开始实施曼哈顿计划，也就是由美国物理学家罗伯特·奥本海默负责的一项利用核裂变反应来研制原子弹的计划。在分离提纯核裂变原料铀的过程中，为了除去钍或稀土元素而开发出了离子交换分离技术。这是一种先进的分离和提纯物质的方法，后来也成功地应用于稀土元素的分离。美国学者斯佩丁于20世纪40—50年代改进了离子交换技术，研究成功了离子交换色层法，完成了各单一镧系元素的完全分离，制备出千克级的高纯单一稀土，为研究各种单一稀土的本征特性和开发稀土的用途创造了基本的条件。

离子交换色层法是根据混合物各组分对离子交换剂化学亲和力的差异而实现分离的方法。将一定量原料引入柱顶后，选用不被吸附的溶剂作为流动相来洗脱，各组分在淋洗剂与离子交换剂之间，经过多次重新分配而实现各组分完全分离。

离子交换色层法的操作程序是：首先将阳离子交换树脂填充于吸附柱内，再将待分离的混合稀土吸附在柱子顶端，然后让淋洗剂，如乙二胺四乙酸（EDTA）从上到下流经柱子。与EDTA形成配合物的稀土就脱离离子交换树脂而随淋洗剂一起向下流动。流动的过程中稀土配合物分解，再吸附于树脂上。就这样，稀土离子一边吸附、脱离树脂，一边随着淋洗剂向柱子的出口端流动。由于稀土离子与配合剂形成的配合物的稳定性不同，因此各种稀土离子向下移动的速度不一样，亲和力大的稀土元素向下流动快，结果先到达出口端。但这并未达到有效的分离。当此淋洗剂再通过带有延缓离子（如 Cu^{2+}）的树脂的分离柱时，由于延缓离子的阻挡作用，使元素的分离效果进一步提高（见图5-14）。

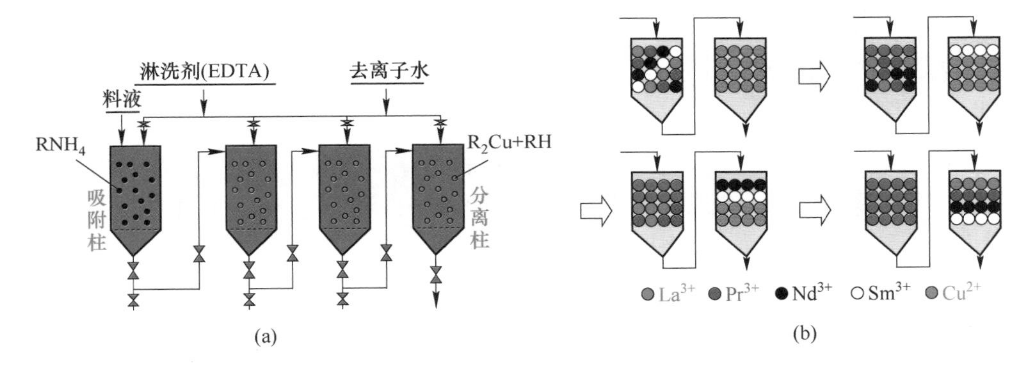

图5-14　离子交换色层法示意图

（a）工艺示意图；（b）稀土元素排代分离过程示意图

（吸附柱后面串联了若干分离柱，分离柱上吸附有延缓离子，稀土的分离主要靠稀土元素及延缓离子与淋洗剂配合能力的差别）

几种常用的淋洗剂包括乙二胺四乙酸（EDTA）、氨三乙酸（NTA）、羟乙基乙二胺三乙酸（HEDTA）、醋酸铵（NH_4Ac）等。

离子交换色层法装置如图5-15所示。离子交换色层法的优点是产品纯度高、工艺稳定、适应性强且不受原料成分变化影响，一次操作可以将多个元素分离。其缺点是不能连续进行，一次操作周期花费时间长，还有树脂的再生、交换等，所以分离成本较高。因此，这种曾经是分离大量稀土的主要方法基本上被溶剂萃取法取代。但由于离子交换色层法具有获得高纯度单一稀土产品的突出特点，因此，在制取超高纯单一稀土产品及一些重稀土元素的分离方面仍然占有一席之地。

D　溶剂萃取法

利用有机溶剂从与其不相混溶的水溶液中将被萃取物提取分离出来的方法称

图 5-15 离子交换色层法装置图

为有机溶剂液-液萃取法，简称溶剂萃取法，它是一个将物质从一个液相转移到另一个液相的传质过程。

溶剂萃取到底是怎么回事呢？首先让我们先看一个例子：向含碘的水溶液中加入四氯化碳（CCl_4），混合后静置分层，此时绝大部分碘转入下面的四氯化碳层，由于碘的颜色为紫色，因此能观察到碘在水和四氯化碳中的转移过程（见图 5-16）。

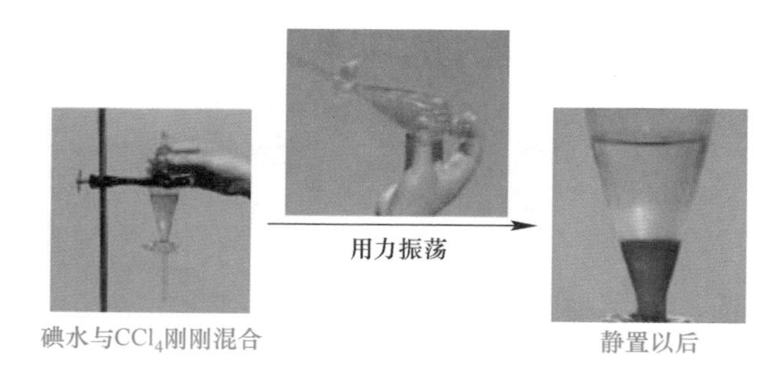

图 5-16 碘的转移试验

在这个例子中，被萃取物碘之所以能转入四氯化碳层，是因为它在四氯化碳中的溶解度大于它在水中的溶解度，这是个物理变化。但是在多数情况下，被萃取物要与萃取剂发生化学作用。

“萃取”又是如何实现两种物质分离的呢？这好比有 100 个运动员，身高、体重、相貌都差不多，穿着相同的运动服，怎么能分辨出哪些是打排球的、哪些是打篮球的呢？于是把他们带到两块场地边，一块是篮球场、一块是排球场，结果篮球运动员和排球运动员都跑到了各自的场地上，这样就把他们分开了。

如果把稀土元素比作运动员，那在现实中，“篮球场”和“排球场”就是萃取剂和水溶液，假如把两个共生的元素 A 和 B 放到萃取剂和水溶液的混合物中，A 爱往萃取剂里跑，B 则爱在水溶液里待着。经过一次分离后，大部分的 A 进入萃取剂里，而大部分的 B 则留在水溶液中。每一次分离，就算“一级”，那么，把多次分离称为串级萃取。

实际上，有机溶剂萃取稀土是先生成萃合物才被萃取的。稀土的溶剂萃取分离原理如图 5-17 所示。

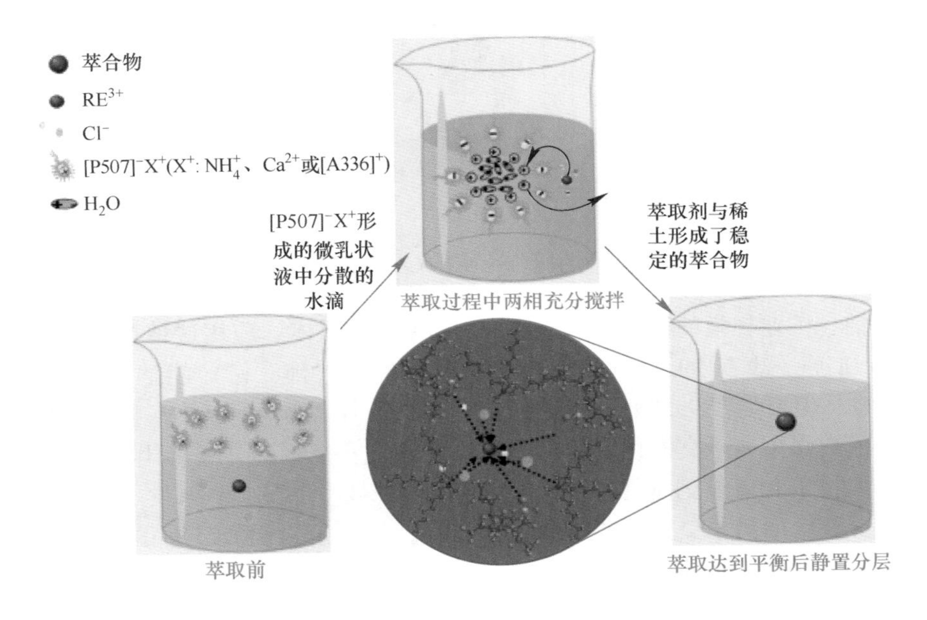

图 5-17　稀土的溶剂萃取分离原理

自从 1937 年有人研究用丙酮、乙醚或醇类在氯化物体系萃取稀土以来，稀土的萃取分离技术得到了长足的发展，能够有效地萃取分离稀土元素的新萃取剂和萃取方法不断涌现，例如 1942 年首次报道用磷酸三丁酯（TBP）萃取分离四价铈和三价稀土，继而又用于三价稀土元素的相互分离，获得了较为满意的结果。目前，新萃取剂和串级萃取理论的应用及工艺研究所取得的进展都有力地推动着稀土分离和提纯技术的发展。溶剂萃取技术已成为当前稀土元素分离和提纯的重要方法之一，使用溶剂萃取技术已能从多个稀土组分的原料中分离提纯每一个稀土元素。

稀土元素的溶剂萃取工艺的设定包括：萃取体系选择、萃取器和萃取方式选择、萃取分离工艺条件确定与萃取和反萃取过程实施、分离后各种溶液的处理等。

稀土元素的溶剂萃取分离通常采用分馏萃取方式，其萃取过程分为萃取、洗涤和反萃取三个阶段（见图 5-18）。

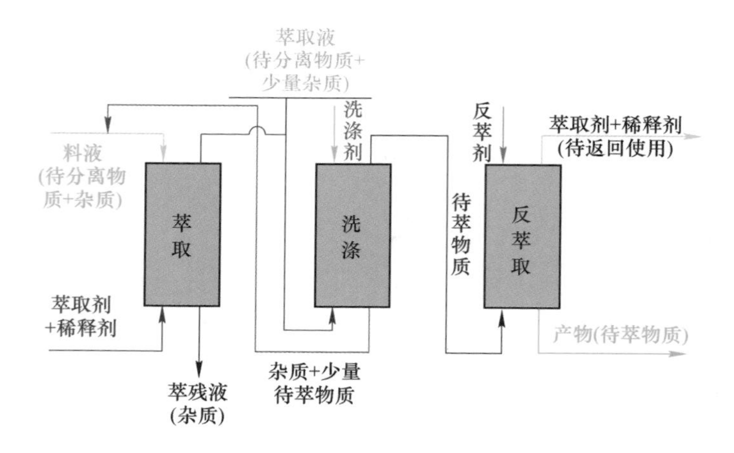

图 5-18　溶剂萃取分离过程

目前，工业规模的稀土分离主要采用溶剂萃取技术，应用这种技术生产的稀土产品纯度一般在 99.95%以下，个别元素（镧、铈、钇）能达到 99.99%～99.999%，但要生产 99.99%～99.999%的其他稀土元素，萃取技术就显得力不从心了，所以采用离子交换色层法就能显出它的优势。因此，在稀土元素分离中，溶剂萃取技术和离子交换色层技术是互补的两种技术手段，萃取技术适合大规模的稀土分离，而离子交换色层技术则适用于小规模的高纯稀土产品的制备。

图 5-19 为箱式萃取设备萃取分离稀土生产线。

图 5-19　箱式萃取设备萃取分离稀土生产线

溶剂萃取技术具有选择性好、回收率高、处理容量大、设备简单、操作简便、反应速度快，以及易于实现自动控制等特点，因此一直受到高度重视。

在溶剂萃取分离中，萃取剂是其核心部分。那么，什么样的化合物才能作为分离稀土的萃取剂呢？首先萃取剂与料液不相混溶，其次要求萃取剂的活性基团能与稀土离子发生络合反应生成萃合物，这种萃合物又易溶解于萃取剂中，这就实现了被萃取的一种或几种稀土离子与料液中其他稀土离子的分离。在数以千万计的化合物中，能够满足分离提纯稀土且具有代表性的萃取剂有以下几种：

（1）以酸性磷酸酯为代表的阳离子萃取剂有二（2-乙基己基）磷酸（P204）、2-乙基己基磷酸单2-乙基己基酯（P507）等。酸性磷酸酯萃取剂中含有羟基，羟基上的氢离子容易被稀土离子所取代，而且其中的磷氧键又容易与三价稀土离子配位。因此，这类萃取剂都具有很强的萃取能力。

（2）中性磷类萃取剂中，磷酸三丁酯（TBP）和甲基膦酸二甲庚酯（P350）是其中的代表，它们萃取稀土分配系数较高。这类萃取剂可通过磷酰基的氧原子与金属配位，形成中性配合物而被萃入萃取剂。

（3）以胺类如氯化三烷基甲胺（N263）和仲碳伯胺（N1923）为代表的阴离子萃取剂是一类以氮原子为萃取功能基的萃取剂，包括伯胺、仲胺、叔胺及季铵盐等四种。它们对金属离子的萃取属阴离子交换或离子缔合机理。伯、仲、叔胺属于中等强度的碱性萃取剂，在酸性介质中必须先与氢离子作用后才能萃取金属配阴离子。季铵盐是强碱性萃取剂，它既可以在酸性溶液或中性溶液中萃取，也可以在碱性溶液中萃取金属配阴离子。

一种好的萃取剂可以简化生产工艺、减少废液排放、提高萃取分离效率、降低生产成本，从而为稀土的批量生产和最终应用奠定坚实基础。

中国在萃取理论的研究、新型萃取剂的合成与应用和稀土元素分离的萃取工艺技术等方面均达到了世界级水平。

由于徐光宪、袁承业等老一辈科学家在萃取分离和萃取剂合成方面的突破，才使稀土元素的分离得到突飞猛进的发展，目前全世界约有90%的稀土的分离都是采用溶剂萃取法实现的。

1972年，徐光宪开始了中国稀土分离提纯技术领域“前无古人”的尝试。他发现了稀土溶剂萃取体系具有“恒定混合萃取比”基本规律，建立了具有普适性的“串级萃取理论”。这一理论改变了稀土分离工艺从研究到应用的试验放大模式，实现了设计参数到工业生产的“一步放大”，引导了中国稀土分离科技和产业的全面创新，使中国实现了从稀土资源大国到生产和应用大国的飞跃。“串级萃取理论”的广泛应用提升了中国在国际稀土分离科技和产业竞争中的地位，被国际稀土界称为“中国冲击”，造就了一个关于稀土的“中国传奇”。

尽管湿法冶金工艺过程复杂，但它几乎可以除去所有的非稀土杂质和分离各个单一稀土元素，产品纯度高，亦即通过湿法冶金技术可得到各种纯度的单一稀土化合物。

5.3.2 火法冶金技术——火中取金

湿法冶金方法制备的稀土产品通常都是稀土氧化物、氢氧化物或稀土盐类，如氯化物、硝酸盐等，而稀土金属或稀土合金的生产都是在较高的温度下进行的，因此把这种冶金方法称为火法冶金。稀土金属或稀土合金是制备高性能稀土结构材料、功能材料及国防军工等高技术材料必不可少的基础原料。

稀土金属非常活泼，且稀土氧化物的生成热很大，十分稳定，制备纯金属比较困难，通常采用熔盐电解法和金属热还原法等。

5.3.2.1 熔盐电解技术

熔盐电解是利用电能加热并转换为化学能，将某些金属的盐类熔融并作为电解质进行电解，以提取和提纯金属的冶金过程。熔盐电解在19世纪初已开始应用，随着熔盐电化学的迅速发展，至19世纪末期就以工业规模生产铝、镁等轻金属，以后又用于稀有金属的生产。

制备稀土金属的熔盐电解方法有两种体系：氯化物体系和氟化物体系。早在1875年人们就用氯化物体系熔盐电解法先后获得金属镧和金属铈。美国矿务局于1960年首先进行了氟化铈-氟化锂-氟化钡体系制备金属铈。

熔盐电解法是工业生产稀土金属的主要方法。熔盐电解生产稀土金属电解槽如图5-20所示。

图5-20　熔盐电解生产稀土金属电解槽

以碱金属和碱土金属氯化物为电解质，以稀土氯化物为原料的熔盐电解法是从阴极析出液态金属，阳极析出氯气。这种方法具有设备简单、操作方便、电解槽结构材料易于解决等特点。氯化物电解法是生产稀土金属最普遍的方法，适用于混合稀土金属和镧、铈金属的制备。电解液包括无水$RECl_3$和助熔剂（NaCl或KCl），如果原料为混合的$RECl_3$，电解产物为混合稀土金属；如果原料为单一的$RECl_3$，则电解产物也是单一的稀土金属。

有关的电极反应为：

阴极 $$RE^{3+}+3e \longrightarrow RE$$

阳极 $$Cl^{-} \longrightarrow \frac{1}{2}Cl_2+e$$

氟化物熔盐电解法是以氟化物或氟化物混合物熔盐为电解质、以稀土氧化物为电解原料的熔盐电解方法。目前生产上常用稀土氧化物-氟化稀土-氟化锂或稀土氧化物-氟化稀土-氟化锂-氟化钡电解质体系。这种体系的熔点和蒸气压较低，导电性好，金属离子比较稳定。氧化物-氟化物熔盐体系的电解是利用稀土氧化物溶解在氟化物（作为助熔剂）中电解，电解时的反应为：

阴极 $$RE^{3+}+3e \longrightarrow RE$$

阴极上析出稀土金属。

阳极

$$O^{2-}+C \longrightarrow CO+2e$$

$$2O^{2-}+C \longrightarrow CO_2+4e$$

$$2O^{2-} \longrightarrow O_2+4e$$

阳极上可有 CO、CO_2 及 O_2 放出。

氟化物熔盐电解法适用于生产价格较高的单一稀土金属，如钕、镨等。通过电流密度、电解槽温度及电解液组成等条件控制，使电解在析出稀土金属的范围内进行。

熔盐电解法也可用于制取稀土与铝、镁乃至过渡族金属的合金。

5.3.2.2 金属热还原技术

熔盐电解法只能制备一般工业级的稀土金属，如要制备杂质较低、纯度高的金属，通常要用真空热还原法。

金属热还原法是在高温下用活性较稀土强的金属还原剂或成本低的稀土金属将稀土化合物还原成金属的过程。这是稀土金属制备的重要方法，所用的金属还原剂有钙、锂、镧和铈等。钆、铽、镝、钬、铒、镥、钇金属的制备主要采用稀土氟化物钙热还原法。稀土氯化物钙热还原法可用于制备镧、铈、镨、钕等轻稀土金属。稀土氯化物锂热还原法用于制备除钐、铕、镱以外的稀土金属。稀土氧化物镧、铈热还原法用于制备钐、铕、镱、铥。

轻稀土金属（La、Ce、Pr、Nd 等）的制备：

$$2RECl_3+3Ca \longrightarrow 2RE+3CaCl_2$$

重稀土金属（Tb、Dy、Y、Ho、Er、Tm、Yb 等）的制备：

$$2REF_3+3Ca \longrightarrow 2RE+3CaF_2$$

金属钐、铕、镱和铥的蒸气压高，以蒸气压较低的金属如镧、铈，甚至铈族混合稀土金属为还原剂，在高温和高真空下还原氧化钐、氧化铕、氧化镱和氧化铥，同时进行蒸馏，可以得到相应的金属。还原—蒸馏工艺过程如图 5-21 所示。

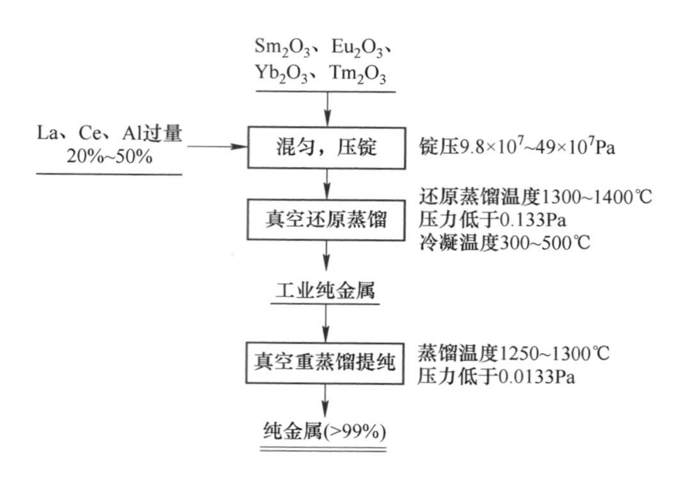

图 5-21　还原—蒸馏工艺

金属热还原法除用金属钙作还原剂外，也有用金属钡或镁作还原剂的，稀土卤化物也有以溴化物作原料的。用金属热还原法制得的稀土金属，不同程度地含有各种杂质，还需进一步提纯。

在氩气保护下，加热至950℃用钙还原无水氟化钇时，可得到含镁24%的钇镁合金。将这种合金于950℃下按一定升温速度真空蒸馏，得到海绵钇，再经真空电弧炉重熔可获得致密的金属钇。

另外，还可以采用稀土氧化物的直接还原—蒸馏技术，即在高温下用活性较强的金属作还原剂，将稀土氧化物还原成金属的过程。真空下，金属钐、铕、镱、铥的熔点都比金属镧、铈的熔点低得多，因此可用还原—蒸馏获得相应的稀土金属。

5.3.2.3　稀土合金冶炼

稀土合金冶炼技术可分为两类：一是采用电解法或熔配法冶炼稀土中间合金，其特点是稀土含量较高、质脆，不是最终应用的产品，而是一种冶金和机械工业用的添加剂，如稀土-硅-铁合金，另如稀土-镁、稀土-铝中间合金用作镁基和铝基合金的添加剂。二是稀土与其他金属元素冶炼成的精密合金，如钕-铁-硼永磁合金、铽-镝-铁磁致伸缩合金。

20世纪50年代末，中国科技工作者采用硅热法，在有铁参加反应的情况下，还原包钢的高炉渣，制备稀土-硅-铁合金获得成功，并应用于工业生产，建成了亚洲最大的稀土-硅-铁合金厂。

在20世纪80年代，进一步发展了用三相电炉冶炼中品位（含REO约30%）稀土精矿，经脱铁、磷制得的高品位稀土富渣代替高炉渣，显著提高了技术经济指标，稀土回收率达到70%以上，设备利用率提高近一倍。

20世纪90年代，开发出高品位稀土精矿（REO≥60%）直接矿热炉碳热还原冶炼稀土-硅-铁合金工艺技术，进一步提高了冶炼的技术经济指标。

稀土品位约为40%的氟碳铈矿精矿可在电炉中直接用硅铁两段还原冶炼稀土-硅-铁合金。

20世纪70年代初，以富钇稀土（Y_2O_3/REO≥60%）为原料，用硅铁和碳化钙作为还原剂在电弧炉中（见图5-22）还原制得钇组重稀土合金，稀土回收率大于80%。这种合金用于大断面球墨铸铁件生产。

图5-22　电弧炉

以稀土氧化物、氢氧化物、碳酸盐或稀土精矿为原料，用硅-铁合金为还原剂，进行还原熔炼，可冶炼出稀土金属含量为25%～50%的稀土硅铁合金。将此种合金进行炉外配镁，可得到稀土-硅-铁-镁合金作为球墨铸铁的球化剂。

5.3.2.4　稀土金属的提纯

高新技术的发展要求使用纯度较高的稀土金属，以便提高材料性能，为此研究和使用了多种稀土金属提纯的工艺方法，即真空熔融、真空蒸馏或升华、电传输法、区域熔融和电解精炼等。

这些工艺技术并不是对去除所有杂质都有效，因此要根据欲除去的杂质的性质，如蒸气压、溶解度、离子迁移率、电极电位等选择某种工艺方法。为去除更多杂质往往需要几种方法配合使用。

5.3.3　稀土冶金产品知多少

稀土这个庞大的产业链和产业群像是一条绵长浩荡的河流，从上游最初的稀土矿产品、中游的冶炼提纯产品直至下游的稀土应用产品。

稀土冶金产品属中游的冶炼提纯产品，主要包括稀土氧化物、氢氧化物、盐类、金属、合金等。其中稀土氧化物有混合稀土氧化物、镧铈氧化物、镨钕氧化物及各单一稀土氧化物；稀土盐类包括稀土碳酸盐、卤化物、硫化物、硫酸盐、硝酸盐、有机酸盐如草酸盐、醋酸盐、环烷酸盐等；稀土金属有 17 种单一稀土金属，以及混合稀土金属、电池级混合稀土金属等；稀土合金包括稀土-硅-铁合金、稀土-镁合金、稀土-铝合金及镨-钕合金、镨-钕-镝合金、镝-铁合金等。

目前还没有统一的分类法，也没有统一的叫法，界限也不明确，大家熟悉的叫法是：矿产品，如稀土精矿；初级产品，也称为上游产品，如混合稀土化合物或金属；深加工产品，也称为中游产品，如单一稀土产品和高纯产品；稀土新材料及其应用产品称为下游产品；最终的应用产品称之为终端产品。

目前，中国可以生产 400 多个品种、1000 多个规格的稀土产品，各种单一稀土氧化物产品纯度已经达到 99%~99.9999%。

从稀土原料到最终成品要经过从原料、材料、器件到终端产品，且每一个环节都有关键的技术，越接近最终产品，其技术含量也越高，当然附加值也就越高。目前稀土产品正在向着高纯化、复合化、超细化方向发展。发展稀土应用产品和高附加值产品是中国稀土未来的希望。

5.3.4 稀土工业的发展

稀土工业始于 19 世纪 80 年代。当时需要从独居石中提取制汽灯纱罩用的钍，而当时稀土还是“无用”的副产品。

到 20 世纪初，稀土在打火石、碳弧棒、玻璃着色和抛光粉等方面陆续得到应用。同时电灯取代了汽灯，因而在处理独居石过程中，钍和稀土主副易位。

第二次世界大战期间，钍因为核技术的需求而大量生产，稀土又成为处理独居石过程的副产品，但纯度不高，应用不广。

从 20 世纪 50 年代到 60 年代，由于离子交换和溶剂萃取新技术成功地应用于稀土的分离和提纯，稀土产品纯度提高，价格下降，稀土开始用作石油裂化催化剂和制取荧光粉。

20 世纪 70 年代末，中国实行改革开放以来，中国稀土工业得到迅速发展。现已建立起较为完整的研发体系，在稀土采选、冶炼、分离等领域开发了多项具有国际先进水平的技术，独有的采选工艺和先进的分离技术为稀土资源的开发利用奠定了坚实基础，稀土选冶技术在国际上处于领跑地位。现已形成内蒙古包头、四川凉山的轻稀土和以江西赣州为代表的南方五省的中重稀土三大生产基地，具有完整的工艺技术及装备制造、材料加工和应用工业体系。

目前，中国生产的单一高纯产品量已达到总商品量的 50%，成为了世界上唯一能够大量供应各种级别、不同品种稀土产品的国家。

中国稀土行业的快速发展，不仅满足了国内经济社会发展的需要，而且为全球稀土供应作出了重要贡献。

6 稀土用途何其多

我们经常对音乐、艺术、电影和文学充满好奇和期待，觉得它们是我们生活中不可或缺的一部分，可以让生活不再枯燥无趣，甚至让我们得到精神层面的满足。其实，还有一种东西静静地待在我们周围，甚至它会让很多神奇的事情发生，只是我们往往会忽略它。原来，它就是迷人的稀土。稀土在现代科技中的地位不可低估，无论是飞机、导弹，还是芯片，都离不开它的贡献。

想想看，20 年前手机还是稀罕物，如今已经人手一部甚至多部，而每一部手机里都有稀土元素（见图 6-1）。稀土，已经和我们的生活息息相关了。

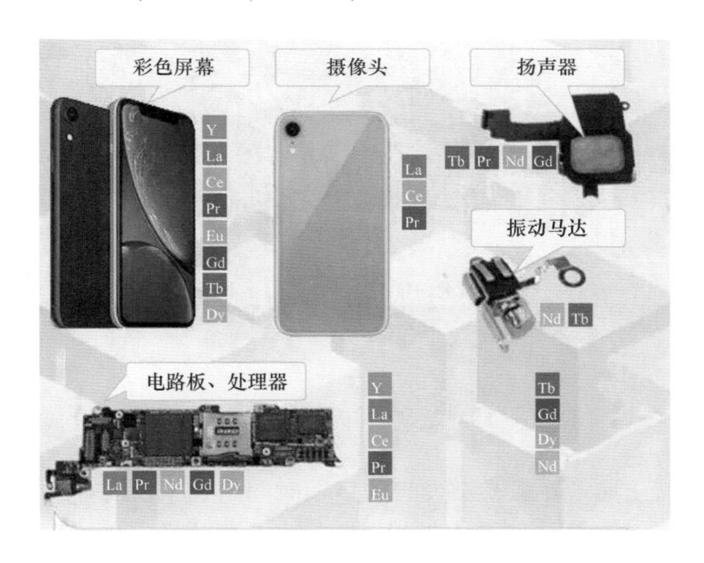

图 6-1　一部手机中需要使用稀土的部件

在人们每天观看的电视中，其鲜艳的红色来自稀土元素铕和钇；外出携带的照相机，镜头里有稀土元素镧；天天使用的手机中有多个稀土元素；在航空、航天、电子信息、冶金机械、石油化工等行业都渗透着稀土的身影。

如果没有稀土，我们的 C919 大型客机就无法在天空翱翔，中华民族百年的大飞机梦就难以实现；如果没有稀土，就无法出现《战狼 2》中，同胞面临危险之际，我们的精确制导武器准确命中目标的场景；如果没有稀土，就没有我们的北斗导航系统，迷途中的我们就无法找到回家的路；如果没有稀土，我们又如何在已经到来的 5G 时代及即将到来的量子时代引领世界潮流呢？

我们已经走进了新能源材料与器件的研发和应用的新时代，这必将会让更多人获得幸福。有位美国专家曾说："丰田普锐斯（混合动力车）是世界上耗费稀土金属最多的产品，每辆车的发动机需要 1kg 的钕，每块电池需要 10~15kg 镧。"事实上，我们乘坐的汽车中使用的稀土就有不少（见图 6-2）。

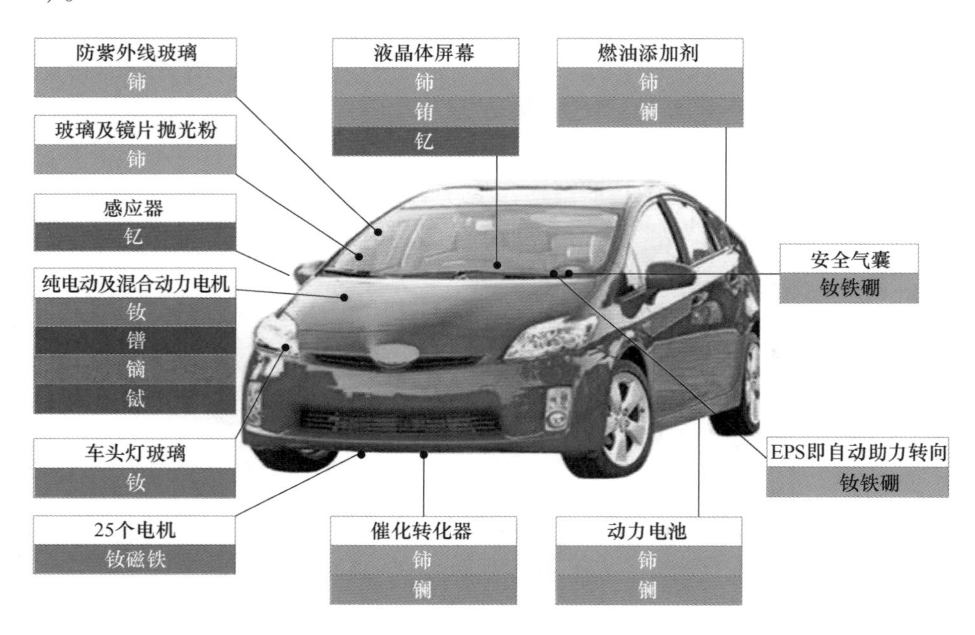

图 6-2 汽车中使用的稀土

实际上，稀土元素在最初被发现的一段时间里几乎没有什么实际用途。到 19 世纪末，稀土也只用于制造汽灯纱罩、打火石和弧光灯碳棒等初级产品。然而，由于冶炼和工业提纯技术的进步，除元素钷以外，都能获得高纯度的稀土氧化物和金属，从而使稀土元素在各行各业大放异彩。稀土不仅广泛地应用于石油化工、冶金机械、玻璃陶瓷、农业轻工、环境保护等传统领域或军事方面，而且在彩电荧光屏、三基色节能灯、绿色高能充电电池、汽车尾气净化催化剂、电脑驱动器、核磁共振成像仪、固体激光器、磁悬浮列车、航空航天等高技术、新功能材料和新能源领域也发挥着不可替代的作用。

6.1 稀土是冶金工业中的“维生素”

稀土在钢铁、有色金属中的应用有广阔的前景，例如稀土合金在钢中作为重要的添加剂、在铸铁中作为主要的球化剂、蠕化剂、在有色金属中作为主要的组分。

被誉为钢中的“盘尼西林”的稀土对钢的作用包括净化变质和合金化两个方面，即主要是脱硫、脱氧和去除气体，消除低熔点有害杂质的影响及细化晶粒和组织，从而提高钢的力学性能等。稀土钢、稀土球墨铸铁在现代军事技术中不可或缺。

6.1.1 稀土钢用途广

稀土在钢中起着“四两拨千斤”的作用。稀土元素作为添加剂用于钢铁材料中，具有消除杂质、细化晶粒和改善组织的神奇功效，从而能够改善钢铁材料的机械、物理和加工性能，提高其强度、硬度、韧性和耐腐蚀性。每吨钢只要加300g 左右的稀土，钢的横向冲击韧性可提高 50%以上、耐腐蚀性能可提高 60%；加入稀土元素制成的装甲钢的抗冲击力可提高 70%左右。

稀土钢可分为两类：第一类是含铜、磷类的低合金钢，主要利用稀土改善钢的耐蚀性；第二类是添加稀土的锰、铌、钒、钛的低合金钢，这类钢除利用稀土可改善钢的耐腐蚀性外，更主要利用其改善钢的强度和提高钢的耐磨性。稀土钢的钢种包括工程结构钢、齿轮钢、超高强度结构钢、弹簧钢、轴承钢、工具钢、耐候钢、不锈耐酸钢、耐热钢和电热合金、高锰钢、铸钢等。

稀土钢不仅用于桥梁、车船、铁轨、管道、钢塔等大型钢结构的建造，而且在装甲钢、炮钢、航母甲板用钢等领域也有不俗的表现。

早在 20 世纪 60 年代初，中国先后研究和生产出 601、603、623 等几种牌号的稀土装甲钢（见图 6-3），开创了中国坦克生产中的关键材料立足于国内的新纪元。

图 6-3 使用了稀土装甲钢的坦克

20世纪60年代中期，在碳素钢中加入0.05%的稀土制成了稀土碳素钢。这种钢较原来的碳素钢的横向冲击值提高了70%以上，在-40℃时的冲击值提高了近1倍，实现了中国在药筒材料方面以钢代铜的夙愿。

稀土高锰钢用于制造坦克履带板，稀土铸钢用于制造高速脱壳穿甲弹的尾翼、炮口制退器和火炮结构件，可以减少加工工序，提高钢材的利用率。

现已研制出的稀土钢的屈服强度为1250MPa，远远超过航母、潜艇用钢，特别是航母飞行甲板用钢的屈服强度（850MPa）的要求，达到了世界领先水平。

6.1.2 稀土铸铁显神通

铸铁是稀土应用的主要领域之一，是稀土使用量最大的用户。从20世纪70年代开始，稀土就在球墨铸铁、蠕墨铸铁和灰铸铁中“冲锋陷阵”。

（1）铸铁中，稀土具有良好的球化效果，并且有抗微量反球化元素干扰的作用，以及脱氧和净化铁液等作用，在国内球墨铸铁件的生产中，稀土作为球化剂的主要成分之一而受到青睐。由于稀土-镁球墨铸铁具有强度、韧性和塑性好等优良性能，在各行业的机械产品中逐渐代替部分灰铸铁件、可锻铁件和铸钢件。

采用稀土球墨铸铁制造各种口径的迫击炮，使其力学性能提高1~2倍，有效杀伤破片数量成倍增加，破片刃口锋利，大大提高了杀伤威力。它的有效杀伤破片数和密集杀伤半径比钢质壳体略胜一筹。

添加适量的钇基重稀土复合球化剂，并采用强制冷却、顺序凝固、延后孕育技术已成功地制作出38t重的大型复杂结构件、17.5t重的柴油机体、截面为805mm的球墨铸铁轧辊等。用稀土球墨铸铁制造柴油机曲轴（见图6-4），不仅成本降低，且寿命更长，实现了以铁代钢，以铸代锻的梦想。

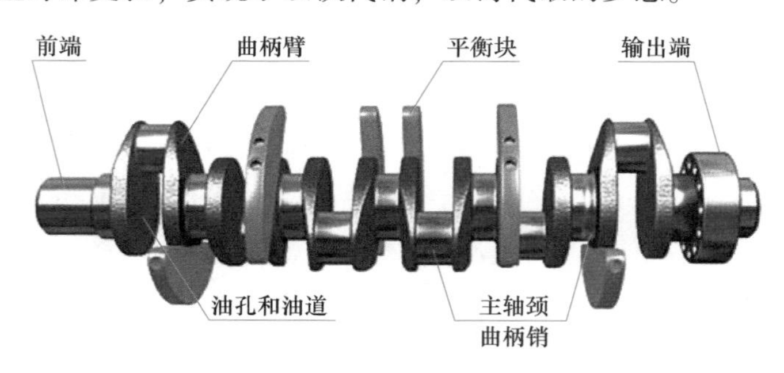

图6-4 稀土球墨铸铁制造的柴油机曲轴

（2）稀土是制取蠕墨铸铁的主导元素。由于蠕墨铸铁兼有球墨铸铁和灰铸铁的性能，因此，它在钢锭模、汽车发动机、排气管、玻璃模具、柴油机缸盖、制动零件等方面的应用均取得了良好的效果。

当今，蠕墨铸铁已经成为大批量生产发动机气缸体的标准设计材料。图 6-5 为 4. 3L V8 平置 V 形航空发动机缸体。

图 6-5　4. 3L V8 平置 V 形航空发动机缸体

中国制作蠕墨铸铁所用的蠕化剂中均含有稀土元素，形成了适合国情的蠕化剂系列，如稀土-硅-铁-钛-镁合金、稀土-硅-铁合金、稀土-硅-钙合金、稀土-锌-镁-硅-铁合金等。随着汽车工业的发展，多年来发动机缸体、缸盖排气管已大批量使用了蠕墨铸铁，取代了普遍使用的灰铸铁。

（3）加入稀土作孕育剂可使灰铸铁具有较强的抗衰退性，降低白口倾向，改善断面均匀性，提高铸件力学性能、耐磨性、致密性和耐压性等。例如，可使暖气片材质的抗拉强度提高 20～50MPa，耐压性能可提高 1～2kg/cm^2（0. 098～0. 196MPa），并提高了铸件的成品率。

6. 1. 3　稀土为有色金属助力

稀土对有色金属为基的各种合金都有良好的作用：能改善合金的物理化学性能和提高合金室温及高温力学性能；减少其杂质的有害影响、改变夹杂物的形态和分布、提高抗腐蚀和抗氧化性能等。在超声速飞机中应用含稀土的 АЦР1 和 ЖП207 合金，可在 400℃ 以下长期工作。现已开发出许多航空用稀土-镁合金、稀土-铝合金、稀土-钛合金等，应用最多的是铝、镁、铜三个系列。

（1）稀土金属用作铝合金添加剂，改变铝合金的物理性质，增加其耐磨性、耐高温性，提高强度，改善加工性能。

中国研制的含稀土耐热铸造铝合金（HZL206），与国外含镍的合金比较，具有优越的高温和常温力学性能，并已达到国外同类合金的先进水平。现已用于直升机和歼击机及工作温度达 300℃ 的耐压阀门，取代了钢或钛合金。

中国生产的稀土-铝合金制成的电线电缆的导电性能比国际标准提高 2%～4%，强度提高 20%，抗腐蚀性能提高近 1 倍，现已成功地用作 50 万伏超高压输电线。

在200~300℃下，稀土-铝-硅共晶合金（ZL117）的耐磨性能比常用活塞合金（ZL108）大幅度提高，线膨胀系数小，尺寸稳定性好，已用于航空附件的KY-5型和KY-7型空压机及航模发动机活塞。

稀土泡沫铝合金被认为是一种未来汽车与其他交通工具用的优质材料。

（2）镁合金中添加适量稀土元素，可以起到变质作用，使合金组织细化；可以与镁合金中的有害杂质，如铁、铜、镍等作用形成中间化合物而达到除杂的作用；可以与氢、氧等作用达到除气、除渣、净化晶界的作用，改善镁合金的脆性和耐腐蚀性能；稀土与镁形成强化相起到固溶强化和沉淀强化的作用，大大提高镁合金的强度和韧性；稀土还可以改善镁合金的流动性，提高铸造性能，提高摩擦磨损性能等。

以金属钕为主要添加元素的ZM6铸造镁合金已大量用于直升机后减速机匣、歼击机翼肋及30kW发电机的转子引线压板等。中国研制的高强稀土-镁合金（BM25）已代替部分中强铝合金，在歼击机上获得应用。

相结构特征类似于耐热的镁-钍系合金的高强耐热稀土-镁合金主要应用于航空、航天领域和汽车工业。

稀土-铝-镁合金是一种可以复合在碳钢结构表面的高强耐腐蚀材料，可以在海水及相似的环境中应用，适合于水工钢结构长效防腐。稀土-铝-镁合金作为轻质高性能结构材料也可广泛应用于汽车、轨道交通车辆、手机、电脑等的零部件。

（3）稀土加入铜及铜合金中，能起到脱氧、脱硫和脱氢作用，达到脱除铅、铋的目的，从而可以改善铜及铜合金的铸造性能。对不同种类的铜合金，加入稀土后流动性可提高30%~40%并可提高电导率。

在高锰-铝青铜中添加稀土，可使其干摩擦磨损量减少20%左右，润滑摩擦磨损量减少约50%。

（4）稀土-钛合金是航空、航天、航海、化工、机械制造及其他工业不可或缺的材料，对国防工业及尖端科学技术的发展起着重要的作用。20世纪70年代初，中国研制出性能优良的含铈的铸造高温钛合金，用这种合金制造的压气机匣用于WP13Ⅱ型发动机，每架飞机减重39kg，提高推重比1.5%。空客A380、波音787的飞机机体特别是机翼都使用了稀土合金材料。

6.2 稀土催化剂

在种类繁多的催化材料中，由于稀土催化剂具有独特的催化性能，因此它在石油化工、汽车尾气净化、燃料电池、催化燃烧等众多领域几乎“无孔不入”。

6.2.1 石油与化工的稀土催化剂

石油炼制与化工是稀土应用的一个重要领域，也是使用并消耗稀土特别是轻稀土的大户之一，对稀土元素的平衡应用有重要意义。稀土在石油催化裂化工艺中可以用来制成分子筛催化剂，具有活性高、选择性好、抗重金属中毒能力强等优点，能大幅度提高原油裂化转化率，增加汽油和柴油的产率。在实际使用中，原油转化率由35%~40%提高到70%~80%，汽油产率提高7%~13%。同时还具有原油处理量大、轻质油收率高、生焦率低、催化剂损耗低、选择性好、抗重金属中毒能力强等优点，在中国炼油工业中普及率已达98%，提高催化裂化能力20%~30%，每年多产300万吨轻质油，使其成本降低20%。

20世纪60年代，开始使用高活性的沸石分子筛裂化催化剂，稀土作为一个组分被引入裂化催化剂中，从而开创了稀土在裂化催化剂中应用的新局面。1964—1974年，美国在裂化催化剂中的稀土用量增加了10倍。自20世纪70年代中国开始生产和使用稀土分子筛催化剂，到1983年稀土在裂化催化剂中的用量已是1976年的5倍。

在合成氨工业中采用稀土催化剂可以将反应过程中的一氧化碳和副产物二氧化碳迅速转化为甲烷。在合成氨和轻油蒸气转化制氢生产过程中，用少量的硝酸稀土作助催化剂，其处理气量比镍铝催化剂提高1.5倍。

稀土化合物催化剂在聚甲基丙烯酸甲酯和乙烯等高分子合成中得到了应用。

稀土催干剂也是化学工业重要应用之一。工业催干剂是涂料工业的主要助剂，其作用是加速漆膜的氧化、聚合、干燥，达到快干的目的。稀土油漆催干剂通常采用脂肪酸稀土和环烷酸稀土制作。从20世纪80年代开始，中国科技工作者陆续研究开发出一系列的稀土油漆催干剂，已成功用于五大类几十个品种的油漆生产上。用稀土催干剂既可制得低铅或无铅油漆，又能简化生产工艺过程。所生产出的油漆颜色浅，附着力强，漆膜鲜亮。

硫化铈无机红色颜料不仅无毒，而且在氧化气氛中，350℃下能保持稳定；在惰性或还原气氛中，1500℃仍保持稳定。这种颜料已用于聚丙烯塑料中。

6.2.2 橡胶中的稀土催化剂

目前，合成橡胶的产量及应用范围都大大超过了天然橡胶，成为重要的合成材料品种并获得了迅速发展。将稀土元素应用于合成橡胶催化剂中始于20世纪60年代初，中国首先将稀土催化剂用于丁二烯定向聚合，合成出具有高顺1，4结构的聚丁二烯，为合成顺丁橡胶找出了新的催化体系。70年代开发的稀土化合物-烷基铝-氯化物三组分催化剂和氯化稀土配合物-烷基铝二组分催化剂奠定了现代合成双烯烃橡胶用稀土催化剂发展的基础。

采用环烷酸稀土-三异丁基铝型催化剂可以把石油提炼工业中的副产品乙烯、丙烯、丁烯和芳香烃等迅速聚合成各种性能的橡胶，并达到同天然橡胶相同的性能。镨钕环烷酸-烷基铝-氯化烷基铝三元体系催化剂用于合成橡胶。

稀土顺丁橡胶又称钕系顺丁橡胶，具有优异的生胶性能和结构，混胶具有更高的拉伸强度、更低的滞后损失和疲劳生热，还具有优异的抗屈挠性能、更好的抗湿滑性能、低滚动阻力等特点。与广泛使用的镍系顺丁橡胶相比，稀土顺丁橡胶具有减少轮胎滞后损失和内生热，降低滚动阻力，提高轮胎耐磨性和抗湿滑性，改善轮胎胎冠胶老化崩花掉块、胎侧胶老化龟裂等现象，可以提高轮胎使用的耐久性能和高速性能。

随着中国车辆拥有量的增加、交通事业的发展及近年来公路建设的飞速发展，对轮胎的质量和使用性能提出了更高的要求，也为稀土顺丁橡胶在轮胎中的应用提供了宝贵的发展机遇和空间。

稀土异戊橡胶因其结构和性能最接近天然橡胶，被称为“合成天然橡胶”，是天然橡胶最理想的替代胶种。它是一种综合性能良好的通用合成橡胶，主要用于全钢载重子午线轮胎（见图 6-6）的生产，也可用于生产胶管、胶带、胶鞋等众多橡胶加工产品。

图 6-6　全钢载重子午线轮胎

钆金属茂配合物催化剂不仅使聚合活性提高，且使用量仅为原来的 1/5000，同时还能减轻轮胎的重量和提高合成橡胶的耐久性。

6.2.3　塑料中的稀土助剂

稀土在塑料中主要作为助剂、无毒热稳定剂、改性剂、光致发光剂和磁性剂等。稀土助剂不仅能显著地改善塑料的加工性能和使用性能，而且还可以减少能耗、提高生产效率。

以镧、铈等轻稀土为主要原料的新型功能助剂主要用于聚氯乙烯塑料中。稀土用作聚氯乙烯塑料的热稳定剂，不仅可取代含铅、镉的热稳定剂，能消除重金属的污染，而且还能提高产品性能。稀土还可以用作聚苯乙烯、聚乙烯、ABS 塑料的改性剂。

稀土发光塑料广泛用于灯箱广告、舞台设计、交通标志、夜间安全服饰、家用电器等。稀土用于光转换农用大棚膜上，由于可见光转为红外光，可提高地温、加速植物的光合作用，因此对改变农产品营养成分均有明显效果。

稀土磁性塑料是现代科学技术领域的重要基础材料之一，主要用于电唱机用旋转变压器、电视接收机及家用电器的零部件，如电冰箱的门封磁条等。

MC 尼龙是单体浇铸尼龙的简称，是一种新型工程塑料。在尼龙单体活化过程中，加入稀土改性剂，改变了 MC 尼龙的结晶形态和结晶度，加大了聚合物的相对分子质量，使相对分子质量分布更趋一致、合理，从而改善了 MC 尼龙的尺寸稳定性，提高了耐磨度，各项力学性能均有不同程度的提高。用 MC 尼龙制作的齿轮、轴套（见图 6-7）、蜗轮、滑块在耐水流、风力冲刷环境中显示出更大的优越性。

图 6-7　用 MC 尼龙制作的齿轮和轴套

用于矿物浮选槽中的稀土尼龙刮板比普通 MC 尼龙板的使用寿命提高 50%以上，在陶瓷制品厂的搅泥机中代替铜套使用，耐磨度提高一倍。

6.2.4　汽车尾气净化催化剂

随着交通运输业的发展，汽车尾气已经成为影响全球大气质量的一个主要污染源，人们对汽车尾气危害的认识也日益加深，对控制汽车尾气污染的呼声也越来越高。汽车尾气净化催化剂是控制汽车尾气排放、减少汽车污染的最有效手段。汽车尾气的主要有害成分是一氧化碳、碳氢化合物、氮氧化物和粉尘。

现在治理这种污染的最有效的手段是安装尾气净化器，而净化器的核心就是稀土催化剂。20 世纪 70 年代末，这种以蜂窝陶瓷为载体的三元及四元催化净化器就已应用于汽车尾气治理。

大部分的现代净化器（见图 6-8）包括两个部分：还原性蜂窝陶瓷及氧化性蜂窝陶瓷。当废气通过还原性蜂窝陶瓷时，氮氧化物首先被分解为氮气和氧气。当废气进一步通过氧化性蜂窝陶瓷时，一氧化碳和碳氢化合物被进一步氧化成二氧化碳及水。

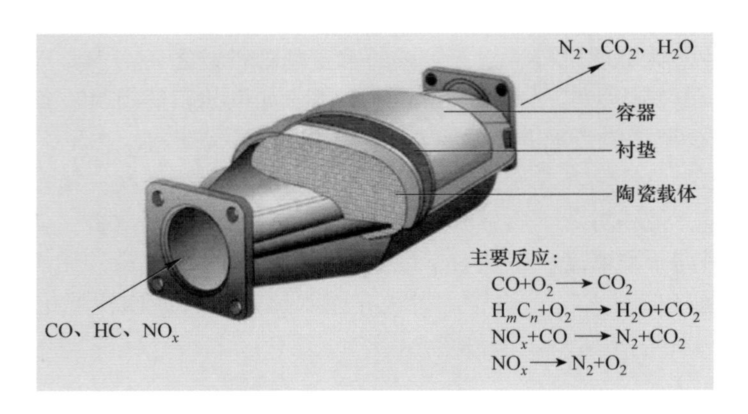

图 6-8　汽车尾气净化器

稀土复合催化剂的特点是活性高、热稳定性好、价格低、使用寿命长，特别是具有抗铅中毒的特征，因而在汽车尾气净化领域备受青睐。氧化铈-氧化锆固溶体逐渐成为新一代三效催化剂的关键材料。

纳米稀土汽车尾气净化催化剂是一种结合纳米材料高表面活性与稀土在催化剂中的催化助剂的特点而制备的一种新型、高效的汽车尾气净化催化剂，这种催化剂集纳米材料与稀土的优点于一体，能够更有效地对汽车尾气起到很好的净化作用。

目前，世界汽车尾气净化催化剂市场的需求量以每年 7%的速度在不断增长。因此可以看出稀土在汽车尾气净化催化剂中用量的可观性。

6.2.5　工业废气及人居环境空气净化

随着现代工业的发展，环境污染已成为困扰世界各国，尤其是发展中国家经济可持续发展的难题。光化学烟雾、酸雨、紫外辐射、重金属、有机污染物等一系列的环境问题已让人们吃尽了苦头。

工业源排放的易挥发性有机化合物等有毒、有害气体，空气中的粉尘、硫氧化物、氮氧化物、碳氢化合物等严重地影响着人们的身体健康和自然环境，同时由装饰材料等造成的室内空气污染更让人们叫苦不迭。

稀土作为独特的催化功能组分或重要的助催化剂，凭借其特有的催化性能和优异的抗中毒能力，在多种催化材料中发挥着重要的和不可替代的作用。

稀土型低温氧化催化剂，可在室温下催化消除一氧化碳、臭氧等有害气体，从而能净化人居环境。

稀土催化材料在烟气脱硫、脱氮中显示出独特的吸收和催化性能。含铈铝酸镁尖晶石可以有效地控制烟道中的氮氧化物和二氧化硫的排放量。

稀土元素具有丰富的能级和光学性质，能以离子掺杂或半导体复合的形式有效提升二氧化钛光催化性能，并能够造出多种新型的光催化体系。光催化因能在室温下反应且可利用太阳光作为反射光源，并且无二次污染等独特的性能而在环境污染的治理和清洁能源的生产中显示出较大的应用潜力。

6.2.6　稀土催化燃烧技术

催化燃烧是燃料和氧气在催化剂表面发生的完全氧化反应的燃烧过程。稀土催化燃烧催化剂按其组分可分为负载型贵金属催化剂、负载型过渡金属氧化物催化剂、具有特定结构的复合氧化物催化剂，例如含稀土的钙钛矿、尖晶石和六铝酸盐等。

从根本上解决火焰燃烧的低效和高排放的途径是催化燃烧。图 6-9 为催化燃烧示意图。

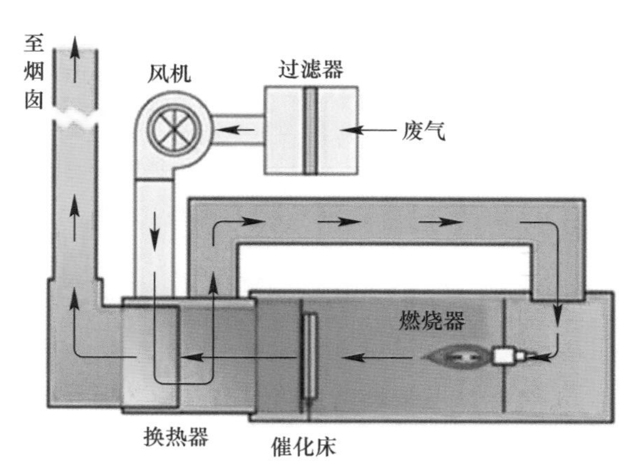

图 6-9　催化燃烧示意图

稀土催化燃烧技术是以高性能稀土催化材料为基础的一种新型燃烧技术。未来所有的燃烧，包括煤、燃油和各种可燃性气体（天然气、石油气、煤气等）的燃烧都将是催化燃烧。它对于能源的优化利用、实现社会经济的可持续发展和环境保护意义极为重大。

稀土型高温燃烧催化剂具有价格便宜、原料易得、工艺稳定、净化效果好、使用寿命长等优点，在高温催化燃烧中能充分展现它的魅力。利用稀土催化燃烧技术可提高热效率和燃烧效率，节能效果达 15%以上。因此，稀土催化燃烧技术具有高效节能和不污染环境的双重优点，它在天然气发电、工业热源和民用等方面有巨大的发展潜力。

6.2.7 稀土高温燃料电池

燃料电池是一种电化学电池，它通过氧化还原反应将燃料（通常是氢气）和氧化剂（通常是氧气）的化学能转换为电能。除生成电能以外，还会产生副产品，一般是水和热能（见图 6-10）。

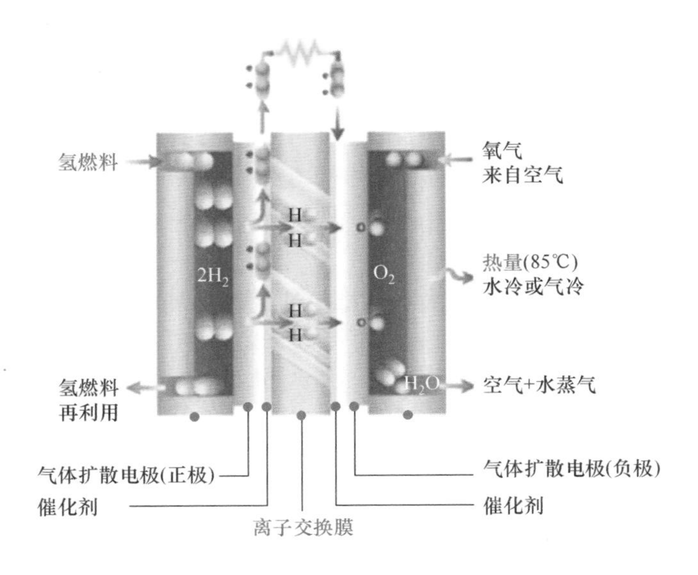

图 6-10　燃料电池的原理

燃料电池的能量转化效率高，无污染，是 21 世纪高效、低污染的绿色能源。稀土氧化物具有良好的离子、电子导电性，对改善固体氧化物燃料电池的性能有着无法取代的作用。

燃料电池可分为低温燃料电池、中温燃料电池和高温燃料电池等几大类。其中稀土主要用于高温燃料电池。特别是在固体氧化物燃料电池中，从正极材料、负极材料、固体电解质材料到连接件都离不开稀土。

自 20 世纪 60 年代中期以来，碱性燃料电池一直用于美国宇航局的航天项目，为卫星和太空舱发电。燃料电池被用来驱动燃料电池汽车等交通工具，包括叉车、轿车、公共汽车、船只、摩托车和潜艇，也可用于商业、工业和住宅建筑及偏远或交通不便地区的主电源和备用电源。

稀土在固体氧化物燃料电池、质子交换膜燃料电池和熔融碳酸盐燃料电池中等都发挥着重要作用。

开发高性能稀土催化材料是促进稀土资源的高效利用和解决稀土元素平衡利用的关键。随着科技的进步，种类繁多、性能优异的稀土催化材料必将不断涌现，并将改善人们的生活环境。

6.3 稀土为玻璃陶瓷添光彩

玻璃、陶瓷既是工业和生活的传统基础材料，又是高科技领域的主要成员。稀土在玻璃和陶瓷工业中起着其他元素不可替代的作用。

6.3.1 稀土玻璃

在玻璃工业中，稀土可称得上是“魔术师”，利用它可以随心所欲地改变玻璃的颜色。加入氧化铈的玻璃变得清澈透明，加入氧化镨呈现出典雅柔和的翠绿色，加入氧化钕玻璃就变成了紫罗兰色。我们日常生活中使用的玻璃及玻璃用具，由于有了稀土的加入，更增添了几分高雅和美观。

稀土玻璃脱色剂能够消除玻璃残余颜色，提高玻璃透明度。二氧化铈用作化学脱色剂，氧化钕和氧化铒用作物理脱色剂。工业上使用的稀土脱色剂多采用以二氧化铈为主体的二元或三元组合脱色剂。稀土玻璃脱色剂可以取代传统上使用的剧毒性氧化砷，改善了操作条件和避免了环境污染。

添加氧化铈和铁粉的防紫外线辐射玻璃可用于微波炉、航空航天仪器、核电站、护目镜、特种灯泡、储存容器、医疗设备等方面。

用于防止核辐射的稀土高密度铅玻璃厚度可达 1m 以上，同时可保证铅玻璃稳定、不变黑，氧化铈加入量高达 2.5%。

用添加氧化钕的玻璃制造的全光谱灯泡，发出的光接近自然光。氧化钕具有双色性，根据光线入射方向的不同，能显示出从淡粉色到蓝紫色的不同颜色，可用于生产工艺玻璃或滤光玻璃。利用感光化学腐蚀方法可以使光敏微晶玻璃形成各种复杂的图案，在印刷、电路板、射流元件、电荷存储管、光电倍增管荧光屏等方面发挥着重要作用。

用氧化铒生产玫瑰色的变色眼镜片，经特殊处理能产生梯度变化的颜色，而且不反光。铒箔滤光器则可使透视检查中 X 射线的剂量降到最低。

稀土光致变色玻璃（见图 6-11）可做变色太阳镜，还可做汽车挡风玻璃、飞机、船舶的观察玻璃。稀土变色玻璃的可逆着色效应也可作为光信息存储介质。

氧化镧可用来制造镧冕、镧火石和重镧火石等一系列稀土光学玻璃，具有高

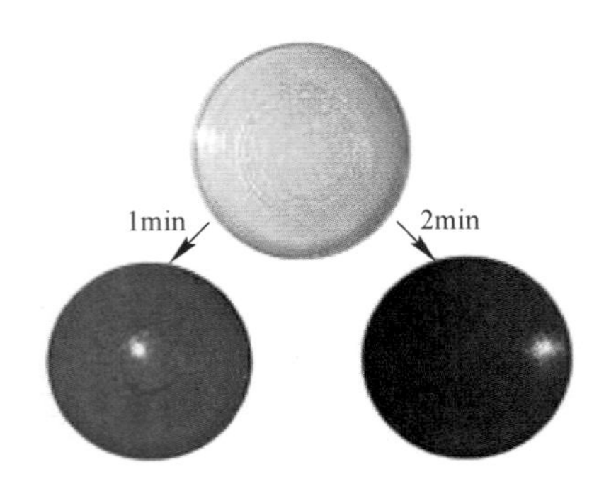

图 6-11　稀土光致变色玻璃

折射率和低色散的优异性能，同时可简化光学仪器镜头、消除色差、球差、扩大视场角、提高成像质量，广泛用于航空摄像机、高档高倍望远镜、各种照相机镜头、手机相机镜头、复印机、扫描仪等。

随着光学、信息、航空航天等技术的迅速发展，稀土光学玻璃突破了传统光学仪器系统应用范围，在光通信、光存储、显示、光转换等领域也必将发挥越来越重要的作用。

1961 年首次使用掺钕的硅酸盐玻璃获得脉冲激光，自此开启了稀土玻璃激光材料与器件研究的大门。1963 年，长春光学精密机械研究所成功地研制出掺钕激光玻璃，并研制出钕玻璃激光器。

掺钕激光玻璃在核聚变、高功率激光放大器和光纤激光器等领域扮演着重要的角色。在激光聚变装置中，数千片大口径高品质的钕激光玻璃可将微不足道的激光能量放大到“小太阳”量级的能量，即产生近亿摄氏度的高温（见图 6-12）。

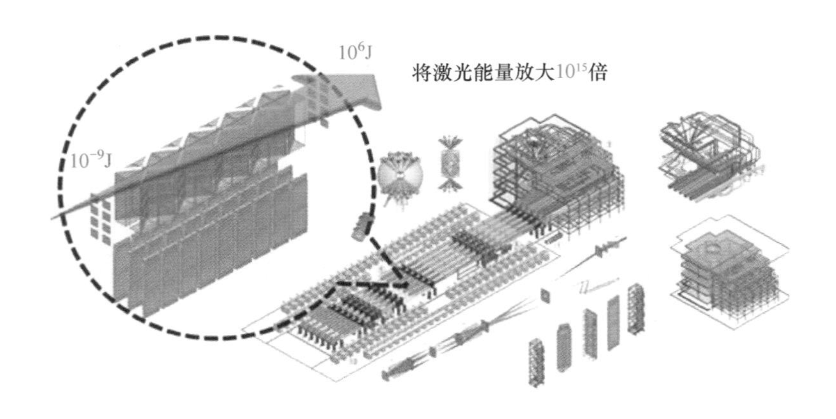

图 6-12　激光聚变装置中的钕玻璃

当前，掺钕激光微晶玻璃发展迅速，有望在微芯片激光器、光纤放大器和高功率二极管固态激光器领域成为新一代激光介质材料。掺钕和镱的激光玻璃用于光通信、高能激光武器可摧毁导弹、卫星、飞机等大型目标。

稀土掺杂特种玻璃光纤放大器能直接放大光信号，有利于大容量、长距离通信，可取消原来每几千米必设的增益基站。稀土掺杂特种玻璃光纤在光纤激光器（见图 6-13）、放大器和传感器中起着不同凡响的作用。

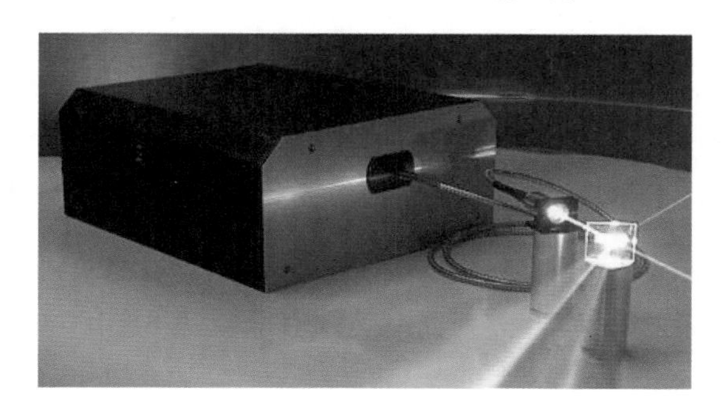

图 6-13　光纤激光器

掺入稀土元素的光学玻璃具有温度敏感特性，可用于分布式传感器、光纤激光器和超亮度光源的有源增益介质及其他非线性器件。

将印有文字、图像等信息的纸张等放在稀土长余辉发光玻璃上，随后用短波紫外线等高能电磁波照射，玻璃就自动记忆纸张上的信息，受到日光等长波光源照射后，当在暗背景中时，原存储在该玻璃上的信息（文字、图像等）将再现出来。

掺稀土旋光玻璃拉制成的保偏光纤可提高光纤通信质量，在信息处理、激光技术及电力工业实现自动测量，如磁光电流互感器，在大功率激光核聚变装置中用于制作隔离反向激光的隔离器，用作全息光弹仪、环形激光磁力仪、光通信系统的光隔离器等。

含铈或铽等离子的磁光玻璃在光纤通信、电力输送、航天、制导、卫星测控和激光系统等一切需要避免有害反射光的场合中无可替代。

稀土耐腐蚀、耐高温和防辐射玻璃用于制造阴极射线管、核反应堆的玻璃罩及防核辐射光学仪器等。

稀土离子具有着色稳定、色彩华丽的光谱特性，所以稀土在玻璃工业中是神奇的光魔术师（见图 6-14）。每当夜幕降临，室内的灯光、马路旁边的路灯、商场写字楼的广告招牌……五彩斑斓的光让城市显得更加魔幻。在这耀眼的光线中，有一种光线并不是由灯具发出的，而是由玻璃发出的。它就是发光玻璃。在基质玻璃中掺入不同稀土激活剂发出不同颜色的光，玻璃呈各种色彩，可以制成

图 6-14 发光玻璃

装饰品、信号灯。用彩色滤光玻璃可以制成航空、航海、各种交通工具的指示灯罩。

由于断热稀土玻璃涂层在玻璃表面形成等离子体共振效应，直接切断“能耗窗口”，因此，若将“EASYTO · 1098 断热稀土玻璃涂料”直接涂在玻璃表面，能够在 3h 内快速降温，最高可调节温度 7～15℃，节能效率达到 25%～40%。

近些年来，各种各样的玻璃材料层出不穷，其功能和作用也各不相同。有的能当装饰品，有的能盖房子，还有的能够防弹……

6.3.2 稀土抛光粉

稀土抛光粉是指以氧化铈为主体成分用于提高制品或零件表面光洁度的混合轻稀土氧化物粉末，同时也有这种粉末形成的抛光液。与氧化铁等抛光粉相比，稀土抛光粉具有抛光速度快、光洁度高和使用寿命长的优点，而且不污染环境。

稀土抛光粉和抛光液主要应用于电视机玻璃壳、阴极射线管、显示屏、玻璃光学仪器、集成线路板、眼镜片、平板玻璃、水晶水钻和有机玻璃等制品的抛光，它的最大传统市场曾经是彩电阴极射线管的抛光。近年来，随着液晶平面显示技术和电子光学工业的不断发展，高性能稀土抛光粉在液晶显示屏、晶圆抛光平面直角大屏幕彩电等平面显示产品、计算机、文字处理器及汽车导航系统、光掩膜等方面发挥着不可替代的作用。

6.3.3 稀土陶瓷

远古人类依山傍水而居，在取用水等液态物品及蒸煮、盛放食物的时候，面临着需要器具的问题，而火的使用让这些古人发现某些泥土在烧烤后可以硬化成块，进而能够用来盛放水或其他物品。通过升温后产生化学变化将柔软发散的泥土烧制成陶器，是人类文明史上人力改变自然的重要成果之一。

陶瓷使用稀土的历史，最早可追溯到中国的龙泉青瓷。龙泉青瓷原料中使用的紫金土中，就含有微量的镧、镱、钆等稀土元素，由于它们与铜、铁、钴等离子进行组合，出现了新的吸收光谱，因而获得了晶莹润泽、表翠如玉的釉色。

在许多陶瓷的原料中，掺杂一定量的稀土元素，不但改善了陶瓷的烧结性、致密度、微观结构、相组成及物理和力学性能，而且提高了它们的电学、光学或热学性能，可以满足不同场合下使用的陶瓷材料的性能要求。

6.3.3.1　结构陶瓷中的稀土元素

结构陶瓷主要是指发挥其机械、热、化学等性能的一大类新型陶瓷材料，它可以在许多苛刻的工作环境下服役，因而成为许多新兴科学技术得以实现的关键。

氧化铝陶瓷强度高、耐高温、绝缘性好、耐磨损、耐腐蚀，且具有良好的机电性能，是目前应用最广泛的结构陶瓷。加入稀土氧化物可以改善氧化铝复合材料的润湿性能、降低陶瓷材料的熔点；使材料孔隙率降低，致密度提高；阻碍其他离子迁移，降低晶界迁移速率，抑制晶粒生长，有利于致密结构的形成；使玻璃相的强度得到提高，从而达到改善氧化铝陶瓷力学性能的目的。

氮化硅陶瓷具有优异的力学性能、热学性能及化学稳定性，是高温结构陶瓷中最有应用潜力的材料。目前制备氮化硅陶瓷较为理想的烧结助剂是氧化钇、氧化钕、氧化镧等。这些稀土氧化物一方面与氮化硅粉体表面的微量二氧化硅在高温下反应生成含氮的高温玻璃相，有效促进氮化硅陶瓷的烧结；另一方面形成具有高耐火度和黏度的钇-镧-硅-氧-氮玻璃晶界，具有较高的高温抗弯强度和较好的抗氧化性能，并且在高温条件下易析出具有高熔点的结晶化合物，提高了材料的高温断裂韧性。添加镧或镨的氮化硅陶瓷主要用于高温腐蚀气氛中的高压阀门，各种机械运动部件的密封圈，耐磨轴承、钻具、切削工具，节能工程中用的热交换器、太阳能电站的日光接收器及绝热发电机，柴油机气缸内套、活塞头和涡轮叶片及耐磨性强的喷嘴、轴承和切削工具等，并正在步入热障涂层、氧传感器、热敏电阻、高温燃料电池等领域。

氧化锆陶瓷的密度大、熔点和硬度较高，尤其是它的抗弯强度和断裂韧性较高，是所有陶瓷中最高的。加入氧化钇、氧化钕或氧化铈对氧化锆的相变具有更好的抑制稳定作用。这类氧化锆陶瓷材料具有较好的技术性能指标，如加入氧化铈的氧化锆陶瓷是良好的固体电解质材料；加入氧化钇的氧化锆陶瓷是一种优良的氧离子导体材料，在固体氧化物燃料电池、氧气传感器及甲烷部分氧化膜反应器等方面已获得广泛的应用。

碳化硅陶瓷具有耐高温、抗热震、耐腐蚀、耐磨损、热传导性良好及质量轻等特点，是常用的高温结构陶瓷。无压烧结碳化硅陶瓷最有效的烧结助剂是氧化铝和氧化钇。这种烧结助剂被认为是最有发展前景的碳化硅陶瓷体系之一。

氮化铝是共价键化合物，熔点较高，热导率高、介电常数低，能耐铁、铝等金属和合金的熔蚀，在特殊气氛中有优异的耐高温性能，是理想的大规模集成电路基板和封装材料。由于氮化铝是共价键，烧结非常困难，而单一的烧结助剂降低烧成温度的程度有限，故通常使用稀土氧化物和碱土金属氧化物作为烧结助剂以形成液相促进烧结。另外，烧结助剂还可与氮化铝中的氧杂质反应，减少因部分氧溶入氮化铝点阵中而造成的铝空位，提高氮化铝的热导率。

赛隆陶瓷是一种硅-氮-氧-铝致密多晶氮化物陶瓷。其强度、韧性、抗氧化性能均优于氮化硅陶瓷，特别适用于陶瓷发动机部件和其他耐磨陶瓷制品。稀土离子能进入α-氮化硅相的晶格中，降低玻璃相的含量并形成晶界相，提高材料的常温和高温性能。添加1%的氧化钇可使赛隆陶瓷在高温烧成时形成一种高温玻璃相，不仅能促进烧结，还能提高其断裂韧性，对其抗氧化性也有很大提高。

6.3.3.2　功能陶瓷中的稀土元素

功能陶瓷是指在应用时主要利用其非力学性能的材料，这类材料通常具有一种或多种功能，如电、磁、光、热、化学、生物功能等。在许多功能陶瓷的原料中，掺入适量的稀土元素，不但可改善陶瓷的烧结性、致密度、强度等，更重要的是可使其特有的功能效应得到显著提高。

超导陶瓷：自1987年中、日、美等国材料科学家发现氧化物陶瓷钇-钡-铜-氧材料具有优良的高温超导性以来，人们在稀土高温超导陶瓷的性能研究及应用开发方面做了大量工作，并取得了许多重大进展。超导陶瓷在电力、储能和运输等方面极具实用价值。

压电陶瓷：钛酸铅是一种典型的具备机械能-电能耦合效应的压电陶瓷，其居里温度高、介电常数低，适于高温和高频条件下使用。但在其制备冷却过程中，因产生立方-四方相变而易出现显微裂纹。采用稀土对其进行改性，经1150℃温度烧结后可获得相对密度为99%的稀土-钛酸铅陶瓷，显微组织得到明显改善，可用于制造在75MHz的高频条件下工作的换能器阵列。在具有高压电系数的锆-钛酸铅压电陶瓷中，通过添加镧、钐、钕等稀土氧化物，可明显改善锆-钛酸铅陶瓷的烧结性能并利于获得稳定的电学性能和压电性能。此外，还可通过添加少量氧化铈使锆-钛酸铅陶瓷的体积电阻率升高，利于工艺上实现高温和高电场下极化，其抗时间老化和抗温度老化等性能也均得到改善。经稀土改性的锆-钛酸铅陶瓷现已在高压发生器、超声发生器、水声换能器等装置中得到广泛应用。水声换能器被人们形象地喻为声呐系统的“耳目”。

导电陶瓷：以氧化钇作添加剂的氧化锆陶瓷，高温下具有良好的热稳定性和化学稳定性，是较好的氧离子导体，在离子导电陶瓷中具有突出地位。这种陶瓷传感器已成功用于测量汽车尾气中的氧分压，有效控制空气/燃料比，节能效果显著，同时应用于工业锅炉、熔炼炉、焚化炉等以燃烧为主的设备中。

介电陶瓷：介电陶瓷主要用于制作陶瓷电容器（见图6-15）和微波介质元件。添加镧、钕、镝等稀土元素能显著改善氧化钛、钛酸镁、钛酸钡等介电陶瓷及其复合介电陶瓷的介电性能。用氧化镧对热稳定钛酸镁陶瓷进行改性，所获得的氧化镁-氧化钛和氧化镧-氧化钛系陶瓷及钛酸钙-钛酸镁-钛酸镧系陶瓷，既保持了原有的介电损耗和温度系数小的特点，也使其介电常数得到显著提高。

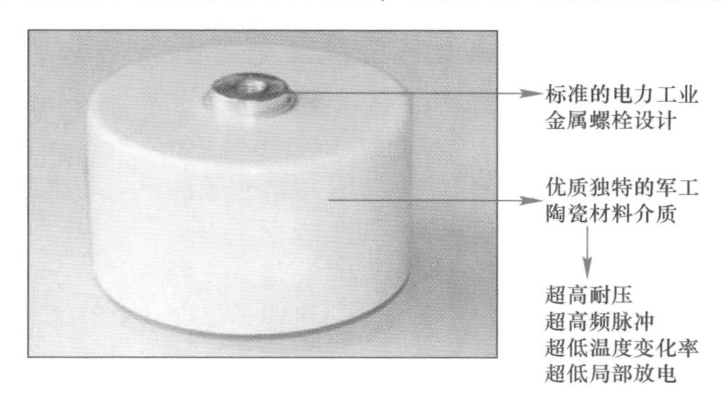

图6-15 介电陶瓷电容器

电容陶瓷：钛酸钡为基的MLCC多层陶瓷电容器具有体积小、介质损耗低、价格低等优点，是电子设备生产重要的基础元件，约占陶瓷电容器总产量的一半。该电容器材料中加入Y_2O_3即氧化钇，可有效减少材料中氧空位数量，从而提高抗老化性能。

敏感陶瓷：敏感陶瓷是一种重要的功能陶瓷，其特征是对某些外界条件如电压、气体成分、温度、湿度等反应敏感，故可通过其相关电性能参数的反应或变化来实现对电路、操作过程或环境的监控，广泛用于控制电路的传感元件，因此又被称为传感器陶瓷。稀土与这类陶瓷的性能之间存在着密切关系。敏感陶瓷包括电光陶瓷、压敏陶瓷、气敏陶瓷、热敏陶瓷、湿敏陶瓷等。

在锆-钛酸铅陶瓷中添加氧化镧，可制得透明的锆-钛酸铅-镧电光陶瓷，被广泛应用于屏蔽核爆炸辐射的护目镜、重型轰炸机的窗口、光通信调制器、全息记录装置等。

添加氧化镧可制得组织致密、高透光性的透明陶瓷。这种陶瓷既具有良好的透明性和光学特性，又具有普通陶瓷良好的介电性能、力学性能和热导率，同时又保持结构陶瓷的高强度、耐腐蚀、耐高温、电绝缘好、热导率高及良好的介电性能，可制成大型激光器（见图6-16）。

稀土透明陶瓷在新型照明技术、高温高压及腐蚀环境下的观测窗口、红外探

图 6-16　大型激光器

测用窗、导弹用防护整流罩、军事用透明装甲等领域得到越来越多的应用。钇铝石榴石激光透明陶瓷用于响尾蛇导弹头部整流罩。

掺杂氧化镧的氧化锆压敏陶瓷的压敏电压值显著提高。

在氧化锆气敏陶瓷中加入稀土氧化物，可明显提高其对丙烯的灵敏度；在氧化锡气敏陶瓷中添加氧化铈，可得到对乙醇敏感的烧结型元件。

钛酸钡是目前研究最多且应用最广的热敏陶瓷。当在钛酸钡中掺杂微量稀土元素如镧、铈、钐、镝、钇等时，可使陶瓷的电阻率显著降低；但若掺杂量超过一定值，陶瓷的电阻率反而急剧上升，甚至成为绝缘体。

在种类繁多的湿敏陶瓷中，目前稀土的掺杂主要为氧化镧，如锶-锡酸镧系、镧-氧化锆系、氧化镧-氧化锆-氧化钒系等。

稀土精密陶瓷材料作为 21 世纪高新技术发展不可缺少的重要功能材料，在实际开发应用方面极为活跃。尤其是在 1987 年美国 IBM 公司发现了氧化物陶瓷超导现象并制成高温超导材料以来，精密陶瓷技术进入了新的发展时期。它与金属材料、高分子材料一起构成了现代材料的三个重要支柱。

6.3.3.3　稀土生物功能陶瓷

生物陶瓷是指用作特定的生物或生理功能的一类陶瓷材料。稀土在生物陶瓷、抗菌陶瓷等新型陶瓷材料中也有着独特的作用。稀土生物功能陶瓷在农业、医药和环保领域有广泛的应用。由于稀土元素可与银、锌、铜等过渡元素协同增效，开发的稀土磷酸盐抗菌产品可使陶瓷表面产生大量的羟基自由基，从而增强陶瓷材料的抗菌性能。

6.3.3.4　稀土陶瓷釉料

釉料是陶瓷的外衣，是对陶瓷胎体的装饰和保护，也能提高陶瓷的性能。

色釉瓷源于商代的青黄釉彩瓷；色釉瓷又称颜色釉瓷，通常是在釉料之中调整各种微量元素的含量，达到改变釉色的目的，如铜红、钴蓝、铁黑、铅绿、钕紫罗兰等。

稀土釉陶瓷是以稀土为主要材料，将稀土元素和传统矿物质相结合，利用其独特的电子层结构，经过高温烧制等工序形成各种釉变效果，呈现现代艺术、科技和传统文化三者的完美融合。

在釉料中加入镧、铈、钇等稀土元素，经过高温烧制后，形成了湖蓝、胭脂、赤金、烟雨等多种釉变效果，不仅可以使陶瓷的颜色丰富，还可以代替传统陶瓷中的铅元素，使陶瓷釉面更加明亮。图 6-17 为颜色亮丽的稀土釉陶瓷产品。

图 6-17　稀土釉陶瓷产品

稀土陶瓷釉料主要是指五种色相的组合着色锆英石基稀土陶瓷釉料，具有色彩鲜艳、稳定、耐高温性能好、遮盖力强、呈色富有变化等特点。它可用作彩釉砖、外墙砖、地砖等建筑陶瓷的装饰材料，尤其适用于洁具陶瓷制品的彩饰，还可用作瓷器釉上彩、釉中彩和釉下彩的色基。

镨在陶瓷中是一种稳定纯正、着色力强的釉用原料。在还原焰气氛烧成时为无色；在氧化焰气氛中烧成时呈鲜艳的向阳黄，即镨黄。氧化镨还可与五氧化二钒配制成艳丽的苹果绿，称为镨绿。

镧在瓷釉中呈白色，可使釉面晶莹光润，起到了光泽剂的作用。铈在瓷釉中呈黄色，还可制成白度很高、遮盖力强的陶瓷乳浊剂，使釉面光泽莹润。

在陶瓷釉料中引入钕元素，可使产品具有变色效应，在不同光源的照射下，使产品呈现赤、橙、黄、绿、蓝、紫六种变幻的颜色。在自然光或白炽灯下呈紫色，在荧光灯下呈天蓝色，是一种极有艺术价值的变色釉。

稀土陶瓷釉料是一种新型的绿色环保材料，具有高硬度、耐磨、抗腐蚀、无辐射、抑菌等特质，在倡导健康环保生活的今天，正逐渐成为人们日常生活的新宠，并逐步应用在更多的领域。

稀土檀影釉因其颜色犹如檀木一般沉静，举杯对影成双而得名。无繁杂画饰以哗众，也无艳彩涂绘以媚人。稀土檀影釉呈色稳定，明亮如镜面，圆润柔和的线条变化使其豪迈大气的姿态中多了份和雅、谦虚的气质，显示出神奇的镜面效果（见图 6-18）。

图 6-18　稀土檀影釉

现已开发的稀土陶瓷釉料，由于轻稀土元素的加入，不仅替代了传统釉料中的氧化铅、氧化镉等有害物质，而且色泽更加艳丽，并具有 99.99%的抗菌率。稀土抗菌釉料和传统陶瓷的完美结合，使轻稀土成为“点土成金”的魔术师，必将为日用陶瓷拓展出一方广阔的新天地。

稀土釉陶瓷作为与人体直接接触的器皿，抗菌效果超过纯银器具，抗菌率可以高达 99.99%，带给人们全新的生活体验。

作为新兴的具有代表性的稀土釉，将采用顶尖技术制作更完善的产品，代表中国走向世界。

6.4　稀土在农业及轻纺工业中大显身手

6.4.1　稀土是农业的增产素

稀土农用是一门新的前沿科学，是中国开发出来的稀土资源综合利用的一个新领域。目前，在农业方面开展的科研项目有稀土农学、稀土土壤学、稀土植物生理学、稀土卫生毒理学和稀土微量分析学等学科。

中国科技工作者大量研究和示范表明，合理施用微量稀土可以提高植物的叶绿素含量，增强光合作用，促进根系的发育，提高种子发芽率，促进作物对氮、磷、钾、钙的吸收。稀土对农作物具有增产、改善品质和抗逆性三大特征；稀土属低毒物质，对人畜无害，对环境无污染；合理使用稀土多元微肥，可以提高某些农作物的抗旱、抗寒、抗涝和抗倒伏能力。稀土可促进、协调作物对矿物质的吸收，激发酶活性，还能提高生物酶的作用，使作物健康生长。

用稀土化合物溶液浸种、拌种可以增加种子的活力。可使种子的发芽率和田间出苗高峰都有明显的提高。喷施稀土盐类溶液可使农作物早熟，并可抑制贮藏过程中呼吸强度，降低腐烂率，见表6-1。

表6-1 不同稀土使用方法对部分农作物增产效果的影响

稀土使用方法	增产效果/%				
	春小麦	花生	大豆	甜菜	白菜
浸种	10.8			10.2	
拌种	8.3	8.3	6.7	10.3	15.5
喷施	7.1	9.4	6.4	7.0	15.0

20世纪70年代初，人们就利用稀土有微量元素激活剂的奇妙作用，开始将稀土用于农业微肥，能明显提高农作物抗寒、抗旱及病虫害的能力，可使农作物如粮、油、水果、蔬菜增产8%~10%。每亩地只需加25~50g的稀土微肥，增产概率能达到90%。

在高压聚乙烯中加入稀土螯合物（转光剂）可制成荧光转换发光功能的农用高分子材料。用它吹制而成的光转膜能将日光中的紫外线转换成红橙光，从而使大棚内植物光合作用强度提高88%，寒冷冬季时棚温提高1~5℃，能促进植物的生长，提高作物体内的叶绿素含量产量提高15%以上。这种膜还具有在炎热季节降低棚温和地温，减轻植物病虫害，降低果实中的硝酸盐含量等功能。

稀土抗旱保水新材料是由稀土高分子保水剂、农用稀土化合物、其他农用元素及高效农药复合在一起制成的一种新型高科技农用产品。它具有高吸水率和加压也不脱水的高保水性能，并且能在10~15min内快速吸足水分，然后再缓慢释放，这就如同给种子提供了一个抗旱保墒的“小水库”。稀土抗旱保水材料中含有一定量的稀土和其他营养元素，这为种子提供了一个“小肥库”。由于种子包衣薄膜具有吸附屏蔽作用，减少了营养元素的流失，延长了肥效，提高了稀土等元素的利用率，为种子的发育生长提供了一个“农药库”。

稀土抗旱保水材料可用于对各种作物进行种子包衣或者苗木沾根，以增强植物种子和根苗的保水能力；也可用于果树扦插、插花保鲜及治沙造林方面。

6.4.2 稀土是纺织和皮革工业的好帮手

稀土用于纺织和皮革工业是中国科技工作者开发出的独具特色的稀土应用领域。稀土添加在酸性染料中，起到助染作用，可以提高上染率；调整染料和纤维的亲和力，以提高染色牢度及改善纤维的色泽、外观质量和手感柔软度等。

稀土作为助染剂已应用在羊毛、腈纶、纯棉、锦纶、真丝、粘胶、人造棉、亚麻、苎麻等各种天然纤维、化纤及其混纺面料的染色。

稀土助鞣剂不仅可提高皮革的品级，而且可降低成本。用稀土混合鞣剂鞣制的产品，革面细致紧密，皮板柔软，皮毛色泽光亮蓬松、手感好、耐洗、异味小、抗拉强度和化学性能均达到纯铬鞣制的水平。采用稀土混合鞣剂鞣制皮革，可以代替部分红钒，大量降低铬用量，减少了制革工业中废水对环境的污染。

6.5 稀土在军事领域显神威

从大型舰船的推进电机到导弹上的小芯片，从精密的光学仪器到看上去很粗糙的火炮炮管，几乎所有高科技武器都有稀土的身影。更值得注意的是，稀土往往集中在使这些武器化腐朽为神奇的最关键部位。比如“爱国者”导弹，除了制导系统，弹体控制翼面等关键部位也是用稀土合金；一些先进坦克的装甲用稀土材料后，防弹性能更好；还有掌控战场形势的“千里眼”“顺风耳”中的大功率行波管也使用了稀土材料。

为什么“爱国者”导弹能比较轻易地击落“飞毛腿”？为什么尽管美制 M1 和苏制 T-72 坦克的主炮直射距离差距并不大，但前者却总是能更早开火，而且打得更准？为什么 F-22 战斗机可以超声速巡航？为什么……

这些“为什么”勾勒出当今军事科技的巨大进步。针对每一个“为什么”，都有其具体而明确的答案。海湾战争中那些匪夷所思的军事奇迹，美军在冷战后局部战争中所表现出的对战争进程的非对称性控制能力，从一定意义上说，正是稀土成就了这一切。

稀土有“工业黄金”之美誉。几乎所有高科技武器都展现着稀土的风采。所以，相比传统武器，高科技武器的优点在于其更方便、更灵敏、更准确、更容易操纵，集中体现了当今材料科学、电子科学及工程制造的最高成就。而这些成就的获得，往往是源于稀土的某些特殊功能的发现和应用。80 余种美国尖端武器都需要用到稀土，如 F-22 隐形战机、“捕食者”无人机、“全球鹰”战略无人机、波音“陆基中段防御”导弹等。

根据美国国防部的数据，一架隐身的 F-35“联合打击战斗机”需要使用约 417kg 重的稀土材料，一艘 DDG-51“阿利·伯克”级驱逐舰需要使用约 2359kg 重的稀土材料，而一艘 SSN-774“弗吉尼亚”级核潜艇则需要使用高达 4173kg 重的稀土材料。

美国的“宙斯盾”作战系统曾红极一时，但如果没有稀土元素就别想有高精准度的雷达、光电瞄准系统及方向舵（见图 6-19）。

“宙斯盾”是美军现役整合式水面舰艇作战系统。

“宙斯盾”系统的 AN/SPY-1 雷达使用了由稀土制成的磁铁，没有这些元素，美国“宙斯盾”就要“失明”。

AN/SPY-1 是有源电子扫描阵列雷达；它是“宙斯盾”的核心，是世界上最先进的计算机控雷达。

图 6-19 “宙斯盾”作战系统

在美国陆军装备中，M1A1 坦克之所以能做到先敌发现，就是因为该坦克装备了掺钕钇铝石榴石的激光测距仪，在晴朗的白天可以达到近 4000m 的瞄准距离（见图 6-20）。

图 6-20 装备稀土激光测距仪的坦克

不仅如此，M1A1 主战坦克拥有可以射穿 700mm 装甲的贫铀穿甲弹及更厚的稀土装甲钢，其横向冲击值比一般使用的碳钢提高了 70%～100%。此外，M1A2 坦克的导航系统使用了钐钴磁体。

美国“爱国者”导弹（见图 6-21）的 17 种重要元器件都使用了稀土材料。它的防空能力主要得益于其精确制导系统中将钐-钴磁体和钕-铁-硼磁体用于电子束聚焦。

用“只闻其声，未见其人”这句话来形容大众对于军用夜视仪（见图 6-22）的了解是最合适不过的了。正是由于这种陌生的感觉更增加了军用夜视仪在大众心中的神秘性。

图 6-21　美国“爱国者”导弹

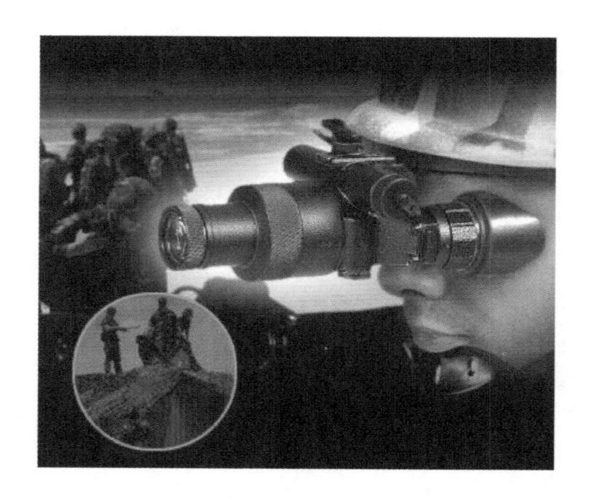

图 6-22　军用夜视仪

在海湾战争中，美军坦克还装备了含有稀土金属的夜视仪（见图 6-23）。在沙尘漫天的战场上，无论白天还是黑夜，美军坦克都占有无可比拟的绝对技术优势，成为伊拉克军队的梦魇。

夜视仪不仅是直升机、坦克等的重要装备，而且也是陆军士兵、海军陆战队士兵的标准装备之一。

在空军的武器装备中，镝、钕、铽、铕、钪、钇是飞机上最重要的 6 种稀土元素，它们可用于飞机的热障涂层、机身材料、有色荧光材料和电机永磁材料。在美军的 F-22 战机的机体和发动机都大量使用了稀土，以满足超声速巡航对机身坚固性的高要求。在机载精确制导弹药中，稀土永磁发动机对武器的操控起着至关重要的作用。

稀土元素还用于制造隐形飞机的吸波材料。美国每架 F-35 隐身战机平均使

图 6-23 装备了含稀土金属夜视仪的坦克

用 417kg 的稀土产品。

在海军的武器装备中，稀土金属也有大显身手之地，用于制造极高航速和较大潜深的合金潜艇。例如，20 世纪 60—70 年代，苏联制造的潜艇的航速普遍达到 40 节以上，潜深可至 400~600m，远比当时美国的鱼雷潜艇优越得多，一度成为美国海军的心头大患。

纯稀土金属因其化学性质活泼，极易同氧、硫、氮作用生成稳定的化合物，当受到剧烈摩擦与冲击发生火花时，可引燃易燃物。因此，人们利用稀土合金的发火特性制成了各种燃烧武器，例如美国“MK-82”型 227kg 航弹采用稀土金属内衬，除了产生爆炸杀伤效应外，还能产生纵火效应。

美国在越南战争中，用发射器发射的一种 40mm 纵火榴弹，其内装填的引燃内衬就是用混合稀土金属制成的。当弹体爆炸后，每一片带有引燃内衬的碎片都可引燃目标。

100g 的稀土燃烧合金可形成 200~3000 个火种，覆盖面积大，与穿甲弹、破甲弹的杀伤半径相当。据悉，美国制造的一种塑料稀土金属燃烧弹，其弹体由玻璃纤维增强的尼龙制成，内装混合稀土合金弹芯，用于对付装有航空燃料及类似的目标具有较好的效果。

美国空对地“阻尼人”火箭内部装有 108 个稀土金属方棒作内衬，经爆破试验证明，其点燃航空油料的能力比无内衬的提高 44%以上。

稀土是激光材料的核心，也是实现激光技术的基础。用激光材料制造的激光武器不同于其他传统类型的武器，它几乎不受外界电磁波的干扰，利用强光对进攻目标进行攻击使得目标武器在短时间内被摧毁或者是停止运作。利用自身的强光可以对卫星、火箭、导弹等武器进行摧毁。

美国军方在新墨西哥州南部的怀特桑兹导弹试验场首次进行战术高能武器试验，成功摧毁了一枚飞行中的喀秋莎火箭。美军方官员称，这是世界上第一种以激光为基础的反导系统。

新型稀土镁合金、铝合金、钛合金、高温合金、非金属材料、功能材料及稀土电机产品也在歼击机、强击机、直升机、无人驾驶机、民航机及导弹卫星等产品上展现出稀土超人一等的功力。

从某种意义上说，稀土科技的发达程度决定着一个国家的军事水平。美军在冷战后的几次局部战争中压倒性的控制，原因之一正是源于稀土材料的特殊功能和稀土科技在军事技术领域的成功应用。因而要反对霸权主义，就必须掌握“稀土之剑”保护自己。

7

“出神入化”的稀土新材料

材料是人类社会生产和技术进步的物质基础。

火的利用和工具的发明开启了人类使用能源和材料的历史进程，推动了人类的进化，加速了人类向文明的进步，促进了经济的发展。能源和材料是人类生存的物质基础，决定着人类文明的发展方向。所以开发绿色能源和新型功能材料是人类不断前行的基本目标。

一部人类发展史，也是一部发现、使用和革新材料的历史。稀土材料的应用体现着一个国家高科技领域的实力。随着人类社会向信息化、智能化的不断深入发展，被誉为“新材料、新技术之母”的稀土新材料必将发挥更大的作用，尤其是高科技领域应用也将越来越普遍。

稀土被认为是新光源、新磁源、新能源、新材料的宝库，同时也是改造传统材料产业的“点金石”，是开发新材料不可或缺的元素。应当说，小到一双尼龙袜、一部手机、一台液晶电视，大到实现太空行走的“神七”飞船，无一不是新材料的杰作。稀土新材料正在改变着人们的生活。

伴随着现代科技的巨大飞跃，产生了新兴的信息、生物工程、新能源、空间技术等高技术群，而新材料则扮演着这些高技术群的物质基础；从这一角度来看，新材料的开发是现代科技发展之本。稀土元素可以作为制造出多种功能材料的基质或激活剂，所以它在众多的新材料中不可或缺。稀土新材料的应用正在蓬勃发展，正在形成一个规模宏大的高科技产业群。

稀土新材料种类繁多，除了在第6章中介绍的催化材料、陶瓷材料外，本章着重介绍磁性材料、激光材料、高温超导材料、发光材料、储氢材料、光导纤维、纳米材料、热电材料、核能技术材料等。

稀土新材料的应用发展迅猛，且具有以下几个特点：一种新材料往往用于多种器件；一种器件往往用到多种稀土新材料；应用这些稀土新材料的终端设备多属于电子、信息、通信、汽车、精密机电、航空、航天等科技先导型支柱产业。

随着研发的进一步深入，更多的新材料将会不断涌现。据统计，当今世界上每20项重大科技发明中，就有1~2项是采用稀土作为关键材料的；每4种高新技术材料发明中，就有1种与稀土有关；每3~5年，在稀土新材料方面就有一次大的突破。

现在就以材料科学家的眼睛，用全新的方式看待身边的每一件物品，让我们一起步入稀土新材料的神奇世界。

7.1 稀土磁性材料

早在春秋战国时期，由于炼铁技术的兴起与发展，人们就发现了天然磁石的存在。《山海经》上说“磁石吸铁，如慈母招之”，因此一开始人们就把磁石称为“慈石”，后人则称它为“吸铁石”或“磁铁”。古人把它做成一种指示方向的仪器——司南，这就是中国也是世界上最早的“指南针”（见图 7-1）。

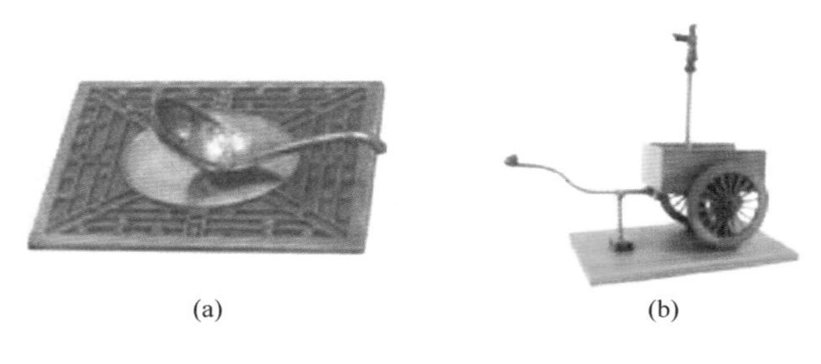

(a) (b)

图 7-1 司南(a)和指南车(b)

到了两千多年后的今天，人们对物质磁性的认识越来越深入，对磁性材料的使用也越来越广泛。小到小孩子玩的磁铁块、喝水用的磁化杯、电风扇、洗衣机，甚至电动剃须刀等各种家电的电动机，电脑的硬盘，乘车用的磁卡，越来越向高端发展的无人机，大到 20MW 以上的军舰主驱动电机、大功率飞机用电机，再大到高速行驶的磁悬浮列车、在太空执行探测任务的人造卫星无一不使用磁性材料。磁性材料，特别是稀土磁性材料神通广大，人们的生活一刻也离不开它。

7.1.1 稀土永磁材料

磁，在我们的生产生活中有许多神奇的作用，其应用之一便是永磁材料。它们一旦在磁场中被充磁后，如撤去外磁，材料可以保留很强的磁性，而且不易被退磁。这样，这些永磁材料做成永磁体后，它们的外部空间又形成一个恒定的工作磁场，可以用来进行粒子加速、自动控制、核磁共振等，利用永磁体的磁场能方便地进行能量转换。

稀土永磁材料是一类以稀土金属（如钐、钕、镨等）和过渡族金属（如铁、钴等）所形成的金属间化合物为基础的永磁材料。这种材料用量虽小，但拥有不可替代性。

稀土永磁材料在诸多领域展示出独特的魅力（见图 7-2）。

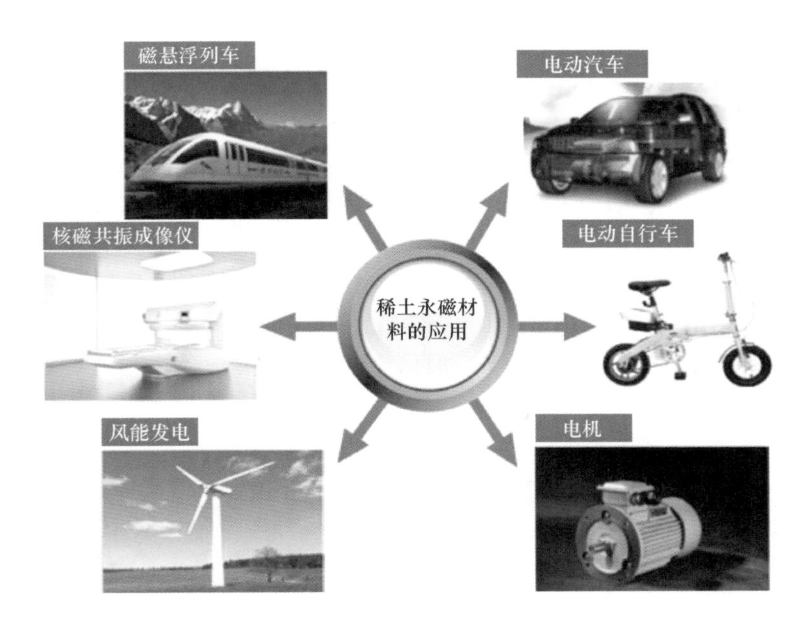

图 7-2　稀土永磁材料的应用领域

“神舟”和“嫦娥”的成功飞天，书写了中国航天事业的传奇，令世人瞩目。其中钐钴永磁辐射环是一个不太起眼的小部件，但它用在火箭控制平台的陀螺仪上，可以自动控制电机速度，进而调整火箭方向和控制飞行姿态，确保发射目标准确进入预定轨道。

于 1983 年诞生的钕铁硼永磁体（见图 7-3）是永磁体发展史上又一个重要里程碑。这种永磁材料具有三大特殊性能：高剩磁、高矫顽力和高磁能积。它也是现在已知的综合性能最高的、实际应用最广的一种永磁材料。

图 7-3　钕铁硼永磁体

钕铁硼磁体作为永磁材料已成为电子技术、通信中的重要材料，在人造卫星、雷达等方面的行波管、环行器中，以及微型电机、微型录音机、航空仪器、核磁共振成像仪、电子手表、地震仪和其他一些电子仪器上都扮演着重要的角色。

安装于国际空间站上的反物质和暗物质探测设备——阿尔法磁谱仪的核心部件是一块外径 1.6m、内径 1.2m、重 2t 的钕铁硼环状永磁体。

美国稀土专家哥斯奈德称，当你买一辆汽车的时候，你等于买了一个巨大的稀土材料，汽车中的各类电机、显示和控制汽车的各种设备的电脑装置都使用了稀土永磁体；在传感器中使用了稀土元素来控制发动机的氧气量，在排气中使用了稀土催化剂。你虽然看不到稀土，但稀土材料使这些设备运行得更好。汽车中典型磁应用如图 7-4 所示。

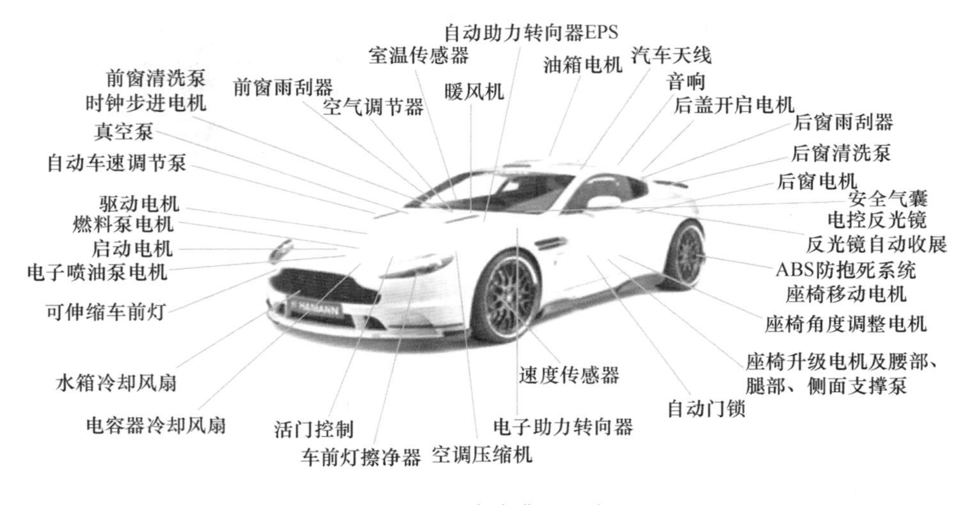

图 7-4　汽车中典型磁应用

2018 年 11 月 1 日，拥有完全自主知识产权的永磁直驱大功率交流传动电力机车在中车大同公司正式下线，这是中国首台采用稀土永磁和直驱技术的大功率交流传动电力机车（见图 7-5）。

稀土永磁直驱电力机车是我国继“快速客运电力机车”和“重载电力机车”之后，在交流电力机车领域又一新的突破，机车总效率提升 3%以上，每小时可节约电能 200kW·h，并具有维护成本低、绿色环保、静音等显著特点。

近年来我国开发成功用于高铁 350~400km/h 的稀土永磁电机，如已开发的 690kW 永磁牵引系统，功率比异步电机提高 60%。北京、天津、宁波等城市的地铁牵引系统，以及低地板式无轨电车等，都采用了稀土永磁牵引系统，从而大大提高了电机效率，节能降耗效果显著。

新能源无疑也是当今时代的一大热点，而风力发电则是可以大规模应用的新

图 7-5　采用稀土永磁和直驱技术的大功率交流传动电力机车

能源之一。风力发电系统中的关键部件是风力涡轮机，它的关键部件是钕铁硼永磁体。2MW 的风力涡轮发电机最少也要用 1. 7t 钕铁硼磁体。

随着计算机、通信等产业的发展，必将促进稀土永磁材料特别是钕铁硼永磁材料产业的飞速发展。

7. 1. 2　稀土超磁致伸缩材料

稀土超磁致伸缩材料是 20 世纪 80 年代末开发的新型功能材料。它是一种稀土-铁系金属间化合物。这类材料具有比铁、镍等大得多的磁致伸缩值，其磁致伸缩系数比一般磁致伸缩材料高 100 多倍，因此被称为超磁致伸缩材料（见图 7-6)。

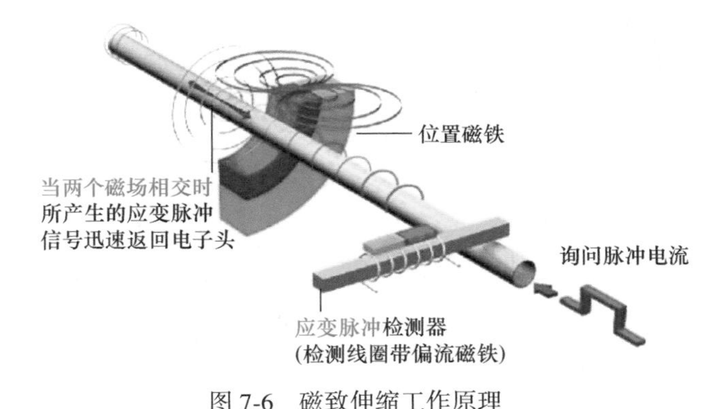

图 7-6　磁致伸缩工作原理

与传统磁致伸缩材料及压电陶瓷的性能相比，稀土超磁致伸缩材料具有磁致伸缩应变推力大、能量转换效率高、稳定性好和可靠性高等特点，国外称为新一代智能材料。它对发展尖端科学、军事技术及传统产业的现代化将发挥重要作用。诸如在声呐系统、大功率超大型超声器件、精密控制系统、燃料喷射、液体阀门、驱动器等精密控制、太空望远镜的调节机构和飞机机翼调节器等领域异常活跃。

磁致伸缩液位计（见图 7-7）主要由电子变送器（表头）、界面浮子（或磁环）、探杆三部分组成。

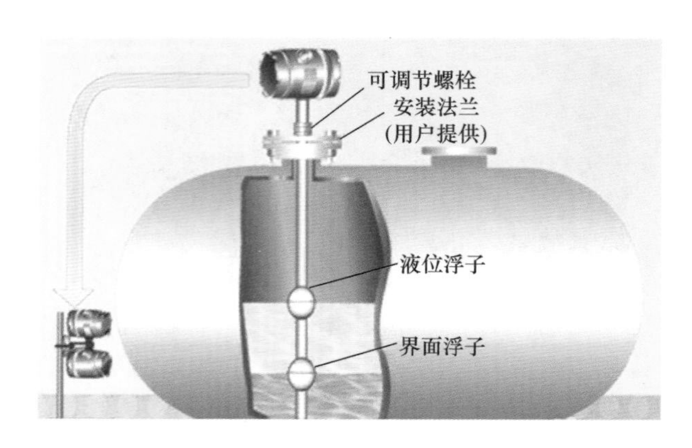

图 7-7　磁致伸缩液位计

磁致伸缩液位计适合用于石油、化工原料储存，工业流程、生化、医药、食品饮料、罐区管理和加油站地下库存等各种储液罐的液位计量和控制及大坝水位、水库水位监测与污水处理等。

稀土超磁致伸缩材料具有电磁能与机械能或声能相互转换功能。稀土超磁致伸缩水声换能器的通信距离远，识别隐身目标的能力强，可用于海洋开发技术、水下通信、海底地形地貌观察、海洋勘探和海洋捕捞等。

铽-镝-铁磁致伸缩合金的研制成功，更是开辟了磁致伸缩材料的新时代。目前已广泛应用于燃料喷射系统、液体阀门控制、微定位、机械制动器、太空望远镜的调节机构和飞机机翼调节器等领域。

用铽-镝-铁超磁致伸缩材料制造的大功率超声发声器用于超声化学、超声清洗、超声润滑、超声塑料焊接、超声医疗器械等方面。用这种材料制成的反噪声与噪声控制、反振动与振动控制器件可使民用与军用飞机的噪声达到豪华汽车的程度；用这种材料制作的燃油喷射器件，节省燃油并延长内燃机寿命；用这种材料制作的线性马达用于智能机翼，能减少飞机颠簸，节省燃料；用这种材料制作的微型泵可在医院打点滴时使用，既灵巧又方便。

铽-镝-铁合金作为磁光存储材料，具有较高的记录速度和读数敏感度。

稀土超磁致伸缩微位移器用于机械手、超精密机加工机床、红外线电子束、激光束扫描控制、激光扫描控制器、照相快门控制等。

迄今已有 1000 多种稀土超磁致伸缩材料器件问世，从军工、航空、海洋船舶、石油地质，到汽车、电子、光学仪器、机械制造，再到办公设备、家用电器、医疗器械与食品工业，无处不是它大显身手的机会。

7.1.3 稀土磁制冷材料

人们常常为空调或冰箱嗡嗡的噪声而烦恼，为它们使用的污染性气体（氟利昂）而担忧，还为它们所带来的巨额电费而不安。现在，有一种新的制冷技术将为人们排除上述困扰，它就是磁制冷。

磁制冷就是利用磁热效应的制冷方式。磁热效应是指制冷工作物质在等温磁化时向外界放出热量，而绝热去磁时温度降低，从外界吸收热量的现象。

与传统的气体压缩制冷方式相比，“节能、环保”是磁制冷技术最显著的优势。早在 1998 年 4 月，美国宇航局的兹姆（Zimm）就在《科学》杂志上说过：“磁制冷技术可以媲美瓦特发明蒸汽机，它将引发一场制冷行业的革命。”进入 21 世纪，随着环境和能源问题的日益突出，世界各国对节能和绿色环保越来越重视，而磁制冷技术恰好满足了资源、能源和环境成本的要求，所以磁制冷技术有望成为制冷领域一项新的应用。

磁制冷所用的制冷材料基本都是以稀土金属为主要组元的合金或化合物，尤其是室温磁制冷几乎全是采用稀土金属钆或钆基合金。其中钆-锗-硅合金是一种所谓的巨型磁制冷材料，引起人们的极大兴趣。

目前，通用电气公司及海尔集团已经实现将磁制冷技术用在冷藏柜方面。美国已经开发出制冷功率在 3kW 以上的磁制冷样机。

国内外多个单位设计研制了室温磁制冷样机，并于 2015 年设计研发出新型一体式室温磁制冷冰箱。磁制冷让冰箱告别化学制冷剂，绿色环保更高效，但国内外磁制冷冰箱等研究仍处于实验室阶段，距离商业化应用还有很长的路要走。

低温磁制冷装置具有小型化和高效率等独特优点，将在低温物理、磁共振成像仪、粒子加速器、空间技术、远红外探测及微波接收等领域发挥更大作用。

7.1.4 稀土磁光材料

磁光材料是指在紫外光到红外光波段，具有磁光效应的光信息功能材料。稀土掺入光学玻璃、化合物晶体、合金薄膜等光学材料中，就会显现出强磁光效应，即光传输特性变化的磁光效应。利用这类材料的磁光特性及光、电、磁的相互作用和转换，可制成具有各种功能的光学器件。

随着激光、计算机、信息、光纤通信等技术的发展，各种磁光材料，如磁光玻璃、磁光薄膜、磁性液体、磁性光子晶体和磁光液晶等发展极为迅速，并研制出了新型的光信号功能器件——磁光器件，如调制器、传感器、隔离器、环行器、开关、偏转器、光信息处理机、显示器、存储器、激光陀螺偏频磁镜、磁强计、磁光传感器、印刷机等。

用偏振光通过磁光介质发生偏振面旋转来调制光束的磁光调制器可作为红外检测器的斩波器，可制成红外辐射高温计、高灵敏度偏振计，还可用于显示电视信号的传输、测距装置及用于各种光学检测和传输系统中。

用磁光效应来检测磁场或电流的器件称为磁光传感器（见图 7-8）。它集激光、光纤和光技术于一体，以光学方式来检测磁场和电流的强弱及状态的变化，可用于高压网络的检测和监控，还可用于精密测量和遥控、遥测及自动控制系统。

图 7-8 磁光传感器

磁光隔离器能使正向传输的光无阻挡地通过，而全部排除从光纤功能器件接点处反射回来的光，从而有效地消除了激光源的噪声。

在磁场的作用下，物质的电磁特性会发生相应的变化，使通向该物质的光的传输特性随之发生变化。用镝-铁-钴磁光记录材料制成的磁光盘（见图 7-9）可擦除重录、存储容量大，其记录密度是硬磁盘的 50 倍。

图 7-9 磁光盘

磁光盘广泛应用于管理、军事、公安、航空航天、天文、气象、水文、地质、石油矿产、邮电通信、交通、统计规划等需要大规模数据实时收集、记录、存储及分析的领域，特别是对于集声、像、通信、数据计算、分析、处理和存储于一体的多媒体计算机来说，磁光存储系统的作用是其他存储方式无法替代的。

7.2 稀土激光材料

激光是一种新型光源，它具有很好的单色性、方向性和相干性，并且可以达到极高的亮度，比太阳光的亮度高100倍以上，被誉为最亮的光、最准的尺、最快的刀。

世界上第一台激光器诞生于1960年，同年又发现掺钐的氟化钙可输出脉冲激光，之后的第二年发现在掺钕的硅酸盐玻璃获得脉冲激光，从此激光与稀土就结下了不解之缘。1963年首先研制稀土螯合物液体激光材料，使用掺铕的苯酰丙酮的醇溶液获得脉冲激光，1964年找出了室温下可输出连续激光的掺钕的钇铝石榴石晶体，最终两者孕育出广泛应用的固体激光材料。1973年，首次实现铕-氦的稀土金属蒸气的激光振荡，在短短的十年内稀土固态、液态、气态都实现了受激发射，使得稀土成为了激光应用领域的重要材料，同时也成为了现代激光器不可缺少的重要元素。激光技术已与多个学科相结合形成多个应用领域。

稀土激光材料通常是指固体激光材料。固体激光材料分为晶体、玻璃和光纤激光材料，而激光晶体又占主导地位。

迄今为止，已获得激光输出的稀土离子有14种，涉及170多种化合物。目前约320种激光晶体中，有290种是用稀土作激活离子。可见稀土在发展激光晶体材料中的重要性。

比较成功并获得实际应用的有掺铒和钬的激光晶体。这些晶体输出的波长对人眼安全，大气传输特性好，对战场的烟雾穿透能力强，保密性好，适合军用。而且其波长容易被水吸收，更适合于激光医疗，在表面脱水和生物工程等方面也将获得应用。

现在的军事、通信、医疗、材料加工、信息存储、科研、检测、防伪领域广泛采用激光应用技术，它已走进现代技术和现实生活的方方面面。

掺钕的钇铝石榴石晶体和钕玻璃可代替红宝石作激光材料，是最常用的固体激光材料，也是军用固体激光技术的支柱材料。这种激光材料已在激光武器、激光测距、激光目标指示、激光探测、激光打标、激光加工（包括切割、打孔、焊接及内雕等，见图7-10）、激光医疗、激光美容等方面发挥着越来越重要的作用。同时也在大气环境监测、光谱学、光纤通信、视频显示等领域大显身手。

图 7-10　激光加工

掺钕钒酸钇晶体光存储激光器作为信息高速公路的重要组成部分，市场潜力非常巨大。掺钕钒酸钇激光器已在机械、材料加工、波谱学、晶片检验、显示器、医学检测、打印、数据存储等多个领域扮演着重要的角色。

掺镱的钨酸钾钇和钨酸钾钆两种钨酸盐晶体都是高效 LD 泵浦的激光晶体，可用于飞秒脉冲激光领域。钕掺杂的稀土倍半氧化物晶体已在雷达探测和人眼安全激光等领域展现出了诱人的前景。

掺钕钇铝石榴石、掺铥钇铝石榴石、掺钕钒酸钇和掺钕硅酸钇等 LED 泵浦激光材料，在光存储、遥感、雷达等方面有巨大的应用空间。

稀土玻璃激光材料具有输出功率高、光学均匀性好、价格低、易制备的特点，利用热成型和冷加工可制备不同尺寸和形状的玻璃，既可拉成直径小至微米的纤维，又可制成几厘米直径和几米长的棒材或制成圆盘。掺钕激光玻璃主要用于热核聚变、高功率激光放大器和光纤激光器等领域。中科院上海光机所研制的钕玻璃激光材料 1986 年成功用于“神光”装置，开展核聚变研究，可产生近亿摄氏度的高温，为核聚变点火。

稀土掺杂特种光纤在光纤激光器、放大器和传感器中大放异彩。掺铒的光纤用于电话光缆和电子信息光缆不仅光信号转换能力强，而且在传输过程中信息几乎没有损失。

光纤激光器可应用于激光光纤通信、激光空间远距通信、激光雕刻、激光打标、激光切割、印刷制辊、金属非金属钻孔、军事国防安全、医疗器械仪器设备、大型基础建设及其他激光器的泵浦源等，近年来在增材制造即 3D 打印方面也得到了应用。

由于钬和铥激光输出波长在 2μm 左右，与水的吸收峰相接近，具有极好的对人体组织切割时的凝血效果，是理想的医疗手术激光光源。光导纤维装置在医学上已用于人体内腔照射和身体机能检查。

稀土上转换激光材料具有毒性小、吸收和发射谱带窄、稳定性好、发光强度高和发光寿命长等优点。到目前为止，人们已经在稀土掺杂的块状氟化物单晶、钇铝石榴石、偏铝酸钇单晶、氟化物光纤和微珠中实现了蓝绿上转换激光输出，最高输出功率达到几百毫瓦。上转换微珠激光可望成为近场扫描光学探针。

将稀土上转换激光材料掺入特殊油墨或印泥中制作出防伪标记，利用红外光识别，就可以达到防伪的目的。目前，在货币、信用卡、证券、商标等防伪方面扮演着“卧底”和打假的角色（见图 7-11）。

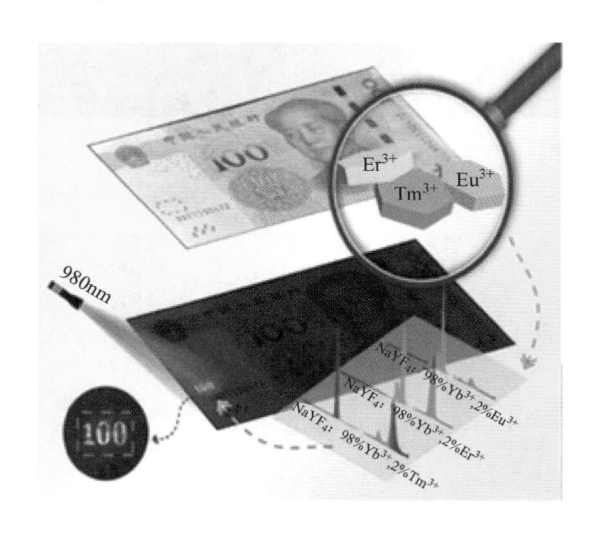

图 7-11　稀土在货币防伪上的应用

上转换发光材料具有将红外光转换成可见光的新颖特性，在光伏太阳能电池、生物成像、高灵敏生物传感等领域具有广阔的应用前景。

稀土材料是激光系统的心脏，是激光技术的基础，由激光而发展起来的光电子技术已用于军事领域。激光武器最大的优点是快、狠、准，正所谓天下武功唯快不破，为力不破，激光武器在速度这方面可谓是快得“恐怖”。钇铝石榴石晶体固体激光器主要应用于激光测距、制导、跟踪、雷达和光电子对抗、遥测、精密定位及光通信等方面。高功率激光材料可装备激光致盲武器及光电对抗武器等。

激光灯光具有颜色鲜艳、亮度高、指向性好、射程远、易控制等优点，看上去更具神奇梦幻的感觉（见图 7-12）。

激光灯安装于剧院、歌舞厅内（见图 7-13），施放一定的干冰烟雾，将激光束射向烟雾并进行扫描，亦可形成文字、图案、动画效果；也可随音乐播放激光表演，那斑斓明亮的色彩令人陶醉流连！

图 7-12　激光灯光

图 7-13　激光灯布置的歌舞厅

将激光灯安放在风景区（见图 7-14），光束射向远方，空中出现一束明亮的光束，方圆几千米范围内都能欣赏到它神奇华丽的光彩。

图 7-14　激光灯布置的风景区

飞秒激光是一种以脉冲形式运转的激光，利用电子学方法所获得的最短脉冲都要比它长几千倍。飞秒激光可在瞬间发出的巨大功率，科学家预测飞秒激光将为21世纪新能源的开发发挥重要作用。高功率飞秒激光在超精细微加工、高密度信息存储和记录方面都有着很好的发展前景。

激光技术的发展让显示技术有了二维到三维的延伸，发展出全息显示技术、虚拟现实（VR）显示技术、增强现实（AR）显示技术等多种三维显示技术，人们对于世界的记录和观察不再停留在二维平面上，而是延伸到三维空间。

7.3 稀土高温超导材料

神奇的超导材料并不神秘，它正在向我们走来。

超导（超导电性）是20世纪最伟大的科学发现之一。它指的是某些材料在温度降低到某一临界温度（或超导转变温度）以下时，电阻突然消失的现象，具备这种特性的材料称为超导材料（或超导体）。

1911年，荷兰科学家昂内斯在研究液氦温度下的物性时，发现汞（水银）在4.2K（-268.95℃）下，其电阻突然减小为零，而且去掉外电场后，电流可以持续流动。他将此神奇的现象称为超导现象，从此拉开了超导研究的帷幕。凭借这一发现，昂内斯获得1913年诺贝尔物理学奖，而且1911年也被称为“超导元年”。

1933年，德国物理学家迈斯纳等人发现，当物体进入超导态后，其内部的磁感应强度为零，即物体进入一种完全抗磁的状态，这就是超导体的完全抗磁性。从此，人们完全认识了超导体的两大基本性质：零电阻特性和完全抗磁性。

自超导现象被发现以来，它就以其独特的魅力吸引着大批科学家的关注。于是他们一直在致力于进一步了解神奇的超导现象，探索现有超导材料中的超导转变机制，努力合成更高临界温度的超导材料，并致力于寻找具有高超导临界转变温度的新超导体。因此实现室温超导便成为人们梦寐以求的追寻目标。

如果实现了室温超导，人们就不用为超导材料提供特殊的低温环境，超导的应用范围将会无限扩大，人们的生活将会发生天翻地覆的变化，也必将引发一次新的现代工业革命。出门能轻松乘坐时速几百公里以上的磁悬浮列车；不用再为电子产品的用电量发愁，充一次电可以用几个月……光是想象就觉得美妙无穷！科学家们也为了早日实现这种美好愿景而不懈努力。然而这条高温超导追寻之路并没有想象的那么顺畅。

1957年，阿布里科索夫提出了一种能解释陶瓷类超导体特性的理论，并于2003年获得诺贝尔物理学奖。直到1986年，德国的柏诺兹和瑞士的缪勒等人宣布发现了临界转变温度高达35K(−238.15℃)的镧-钡-铜-氧系氧化物超导体，他们也因此荣获了1987年度诺贝尔物理学奖。这一突破性发现导致了更高温度的一系列的稀土-钡-铜-氧化物超导体的发现。通过元素替换，1987年初，美国的吴茂昆、朱经武和中国的赵忠贤等人同时发现了90K(−183.15℃)钇-钡-铜-氧超导体，第一次实现了液氮温度（77K，−196.15℃）壁垒的突破。

20世纪90年代初期，人们发现了一种新的带材制备方法，即使用稀土-钡-铜-氧-δ材料可制备出第二代高温超导带材。它在液氮温度的上临界磁场高，而且临界电流密度高达735A/cm^2，具有更高的载流能力。第二代高温超导带材可用于超导电机、超导发电机、超导变压器、超导故障电流限制器、超导电缆，以及高磁场核磁共振成像（NMR）和磁共振成像（MRI）。此外，第二代高温超导导线也可以广泛应用于核聚变发电、超导磁悬浮列车和直流输电等领域（见图7-15）。

电力、能源

-超导限流器
-超导输电电缆
-超导电机
-超导变压器
-超导磁储能系统

医疗设备

-MRI
-心脑磁图
-医用加速器

交通运输

-磁悬浮列车
-电磁推进系统
-升降机

军事应用

-预警飞机
-雷达
-电子战设备
-导弹制导部件

机械工程

-磁体
-磁分离
-磁流体控制装置

高能物理

-大型离子加速器
-对撞机

电子技术、通信

-超导量子干涉仪(SQUID)
-超导滤波器
-低噪声前端放大器

图7-15 稀土超导材料的应用领域

7.3.1 在电力技术中的应用

超导电力技术作为一种高效节能的供电方式，已被美国能源部誉为“21世纪电力工业唯一的高新技术”。

7.3.1.1 超导电缆和超导变压器

以液态氦或液态氮作为冷却介质的无电阻损耗、高电流密度的低温或高温超导线材制成超导电缆（见图7-16），其电流输送能力高于同样截面的普通电缆2~4倍；电损耗仅为常规电缆的10%，甚至更低。

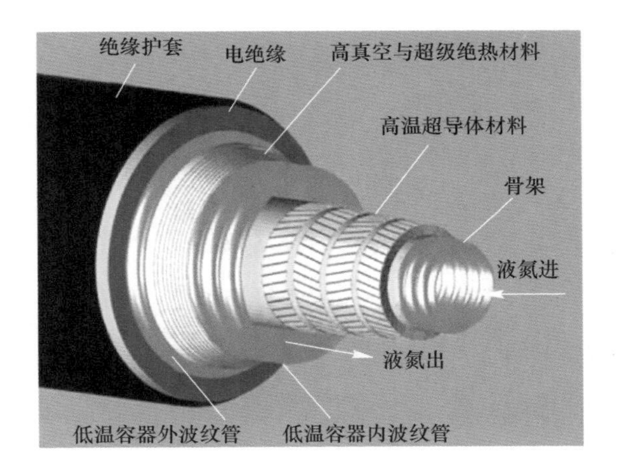

图 7-16　超导电缆

中国已研制出世界传输电流最大的高温超导电缆，比普通电缆节能 65%以上，已在河南中孚公司投入工程示范运行。

大容量（1250kV·A）的高温超导变压器（见图 7-17）相比常规变压器可节能 60%以上。

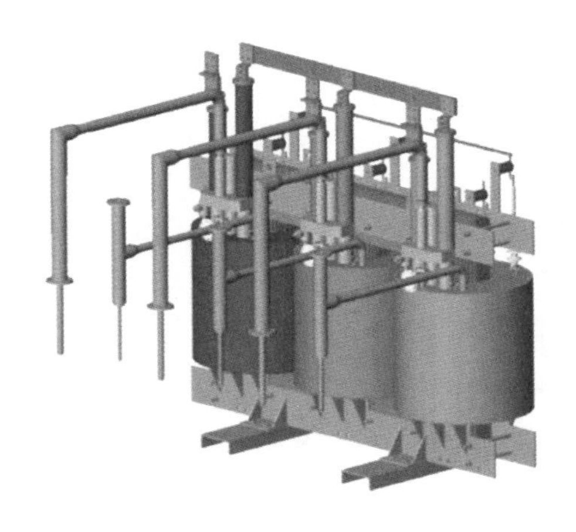

图 7-17　高温超导变压器

7.3.1.2　超导发电机

超导发电机（见图 7-18）是在常规发电机的基础上，把发电机转子用超导材料代替而制成的。超导发电机体积仅是常规发电机的 1/2，重量为常规发电机的 1/3，但它的发电效率却可提高 50%。在飞机、舰艇等方面应用超导发电机的优势更加明显。

图 7-18　超导发电机

除超导电缆、超导发电机外，超导电力技术还被应用于超导故障电流限制器、超导储能器等方面，可以说超导材料的不断发展也带动了电力技术的不断进步。

7.3.2　超导磁悬浮列车

随着经济的发展，社会对交通运输的要求越来越高，高速列车应运而生。与现有的铁路、公路、水路和航空四种传统运输方式相比，磁悬浮列车具有高速、安全、低噪声和占地少等优点，是未来理想的交通工具。

磁悬浮列车是由无接触的磁力支承、磁力导向和线性驱动系统组成的新型交通工具，主要有超导电动型磁悬浮列车、常导电磁吸力型高速磁悬浮列车及常导电磁吸力型中低速磁悬浮列车等。2019 年 5 月 23 日，时速 600km 高速磁浮试验样车（见图 7-19）在中车四方股份公司下线，标志着我国在高速磁浮技术领域实现重大突破。

图 7-19　高速磁浮试验样车

随着人们对出行方式的不断优化，超导磁悬浮列车将会作为一种新的交通工具走进人们的生活。磁悬浮列车以其优于常规列车的速度、环境友好性、安全性、爬坡能力、舒适度等特性，必将极大地改善人们的出行方式与质量。

7.3.3 在军事上的应用

超导在军事工业中大有用武之地，如超导电磁炮等。

7.3.4 在医疗、计算机和热核反应堆中的应用

利用超导材料的周围磁场高均匀度、超级导磁能力等性质，超导体被用于某些检测仪器中，例如超导技术用于核磁共振仪就是一个成功的范例。核磁共振成像在主磁体采用超导磁体后，磁场强度更强，稳定性大大提高，缩短了测量时间且成像更加清晰。

超导计算机中超大规模集成电路的元件间的互连线用接近零电阻和超微发热的超导器件来制作，不存在散热问题，使计算机的运算速度大大提高。科学家正研究用半导体和超导体来制造晶体管，甚至完全用超导体来制作晶体管。

超导体产生的强磁场可以作为“磁封闭体”，将热核反应堆中的超高温等离子体包围、约束起来，然后慢慢释放，从而使受控核聚变更加稳定。

在基础科学、微波技术、无摩擦陀螺仪和轴承、精密测量仪表及辐射探测器、低温物理研究等方面也有更广阔的应用前景。

未来，人们可以系上一条用超导磁体制成的腰带，它可以让人毫不费力地离开地面像超人那样在空中飞行。

尽管超导材料与技术有如此多的应用及优点，但它也存在着许多人们目前尚未克服的技术难题，这也是超导应用尚未普及的原因之一。因此，要想超导材料及技术真正地造福人类，还需要无数科学工作者的不懈努力。

如同半导体的发现和应用让人类社会发生翻天覆地的变化一样，超导的应用前景也将十分乐观，一定会给人类带来无尽的福音。

7.4 稀土发光材料

阳光是宇宙赠予人类最好的礼物，在地球上，因为有了光，所以有了生命，有了世间万物，有了文明。在人类文明发展的漫长历史长河中，对于光的探索和应用使得人类文明熠熠生辉。随着人类文明的发展，人类对于光学的认知不断地系统化、完整化。

在中国，战国后期的墨家在《墨经》中记载了小孔成像、平面镜、凹面镜、凸面镜成像的观察研究，系统地总结为“光学八条”；古希腊的欧几里得研究光学的反射现象，编纂了《反射光学》；阿拉伯学者阿勒·哈增编纂的《光学全书》讨论了许多光学的现象。反射定律和折射定律的建立，奠定了几何光学的基础，使光学成为了一门学科。

变幻莫测、五彩斑斓的电光是现代文明的形象标志，无论是流光溢彩的城市灯光、现代智能的生态照明，还是知微见著的动态显示，一缕缕神奇的电光把世界从黑暗混沌带向了光明天地，不但打开了人类的认知视野，也放飞着人类的思想灵魂。发光是人们最早认识并加以应用的稀土元素特性，奇妙的稀土发光特性正吸引着一批批探索者在科学的道路上不停跋涉。

在稀土功能材料的发展中，尤其以稀土发光材料格外引人注目。稀土因其特殊的电子层结构，而具有一般元素所无法比拟的光谱性质。稀土发光具有吸收能力强、转换效率高、可发射从紫外线到红外光的光谱，特别在可见光区有很强的发射能力等优点。稀土发光几乎覆盖了整个固体发光的范畴，只要谈到发光，几乎离不开稀土。稀土发光材料的开发和应用为人类生活增添了无限的光彩。

如今，人们利用稀土元素独特的电子层结构和优越的理化特性开发出以不同激发方式而使其发出可见光和不可见光的稀土荧光材料、激光材料和闪烁晶体等制造了人工光，实现了自然光和人工光的相邻相依，天人合一的光影世界。

稀土发光材料，是指由稀土元素作为激活剂或基质组分而制成的新一代发光材料。稀土发光材料可分为有机发光材料和无机发光材料；按激发方式也可分为阴极射线发光材料、光致发光材料、X 射线发光材料、闪烁体、上转换发光材料及其他功能发光材料。它可以是晶体材料，如荧光粉等，也可以是非晶体或无定型材料，如发光玻璃等。

稀土发光材料给我们带来光明，也能逼真地再现出五光十色的大千世界，使我们的生活更加丰富多彩。清晨拿起手机，大千世界通过一方小小的屏幕显示在你眼前；打开电视，观看早间新闻，越来越大、越来越清晰的显示屏让你能够享受更加身临其境的视觉效果；走出家门，各式各样的 LED 显示屏充斥着大街小巷，信息以最直观的方式向你涌来；走入办公室打开电脑，更加符合人体力学的弧度屏幕让你更加舒适地开始一天的工作，这其中，都离不开稀土发光材料的作用（见图 7-20）。

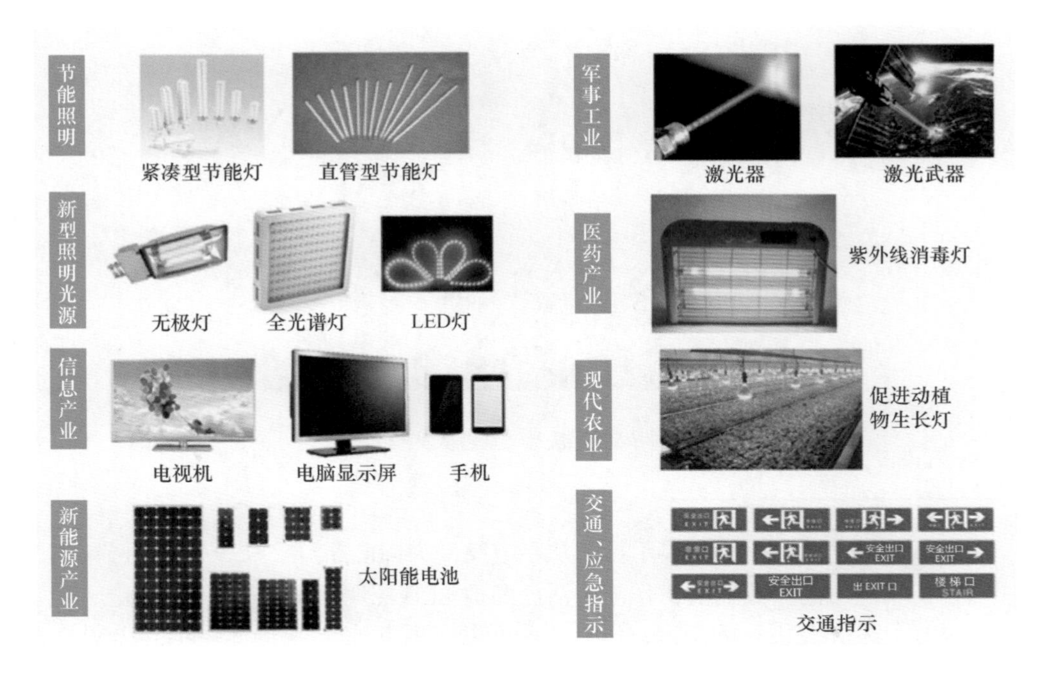

图 7-20　稀土发光材料的主要用途

7.4.1　灯用发光材料

19 世纪末，奥地利化学家韦尔斯巴赫首先用含稀土氧化物的纱罩汽灯点亮了维也纳大学化学系演说厅，开创了稀土应用于发光材料的先河。这种显色好、寿命长、比电灯亮数十倍的稀土汽灯立刻风靡欧洲和全世界。

在全球节能和环保日益受到公众重视的情况下，节能产品、环保产品发展迅速，对占总发电量 20%的照明行业，人们一直在寻找和推广新型照明电光源，其中稀土节能灯已得到了全球的共同认可。

7.4.1.1　稀土三基色荧光灯

当今世界上流行的新型电光源几乎都与稀土有关，其中用量最大的是稀土三基色荧光灯（见图 7-21）。

荧光灯已在全世界范围内普遍使用，而大部分荧光灯就是利用稀土三基色荧光粉发光的。

三基色荧光粉主要由钇、铕、铽、铈组成。红粉为铕激活氧化钇，绿粉为铈、铽激活铝酸镁，蓝粉为铕激活铝酸镁钡。

三基色荧光灯是一种预热式阴极气体放电灯。与普通钨丝灯泡相比，达到同样的亮度时，三基色荧光灯的节能效果超过 80%，亮度提高 40%，其使用寿命可达到 8 万小时以上。

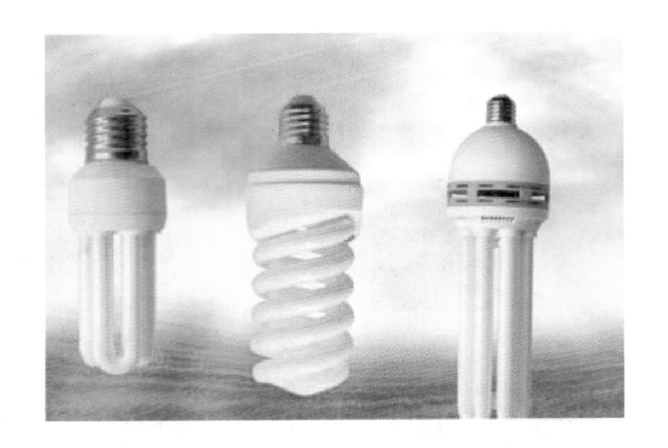

图 7-21　稀土三基色荧光灯

7.4.1.2　白光 LED

环顾四周，从广告牌到指示标，从手电筒到太阳能路灯，从家居照明到汽车照明……不经意间，我们的工作与生活已经被 LED 照明团团包围。

LED 是发光二极管的简称，作为一种可以实现电-光转换的固体半导体器件，其核心是一个半导体芯片。它可以直接把电转化为光，是新一代固体冷光源，光色柔和艳丽。

LED 照明堪称是继白炽灯、荧光灯之后照明光源领域的又一次革命，被公认为是最具发展前景的高效照明产业。目前，白光 LED 以其节能、环保、高效、使用寿命长等优点已成为“绿色照明”的主要成员之一。

与其他电光源相比，在相同照明效果下，LED 比传统光源节能 80%以上；使用寿命可达 6 万~10 万小时；高亮度、低热量、无有害物、无紫外线，属于绿色照明光源；基于红、绿、蓝三基色原理可产生成千上万种色彩，实现丰富多彩的显色效果（见图 7-22）。

图 7-22　LED 灯显色效果

经过几十年的发展，LED 白光照明产品（见图 7-23）已基本取代了传统白炽灯和荧光灯而成为新一代照明光源。

图 7-23　LED 白光照明产品

目前，LED 正在交通信号灯、特种照明（智能 LED 灯）和城市照明等领域发挥着无可替代的作用。另外，LED 光源是低压微电子产品，因此可以作为半导体光电器件用于计算机技术、网络通信技术、图像处理技术、嵌入式控制技术等各种高技术中。

LED 屏把我们带到了丰富多彩的世界，这是稀土为人类作出的贡献。

7.4.1.3　高压汞灯

高压汞灯属于气体放电灯的一种，所用的稀土发光材料包括掺铕钒酸钇，掺铈、铽硅酸钇和掺铽氧化钇、氧化铝等。它广泛应用于照明、医疗、化学合成、荧光分析及塑料与橡胶制品的老化实验等领域。

7.4.1.4　卤化物灯

照明用的金属（汞）卤化物灯分为钪钠灯、镝灯及复合稀土灯三个系列，是在高压汞灯的基础上发展起来的第三代光源，它在光色、光效、使用寿命等方面都超越了高压汞灯，具有光效高、显色性好、寿命长、功率范围广等优点，它在厂矿、场馆、园林、道路等泛光照明及影视、捕鱼、植物照明的领域具有别具一格的效果。

近年来，涌现出大量新型闪烁晶体材料。其中稀土卤化物闪烁晶体最为抢眼，如三价铈离子激活的稀土（钇、镧、钆、镥及其混合物）三卤化物系列晶体、三价铈离子激活的碱金属和稀土金属卤化物复盐晶体、二价铕离子激活的碱金属和碱土金属卤化物复盐晶体。

闪烁晶体通常用于各种射线、中子及高能粒子的检测，同时也广泛应用于医学、物理、核工业、安全检查和地质勘探等方面。

7.4.2 长余辉发光材料

长余辉发光材料是指在停止激发后仍可在较长一段时间内发光的材料，在发光涂料、发光陶瓷、发光塑料、军事设施、消防应急等领域得到广泛应用（见图7-24）。

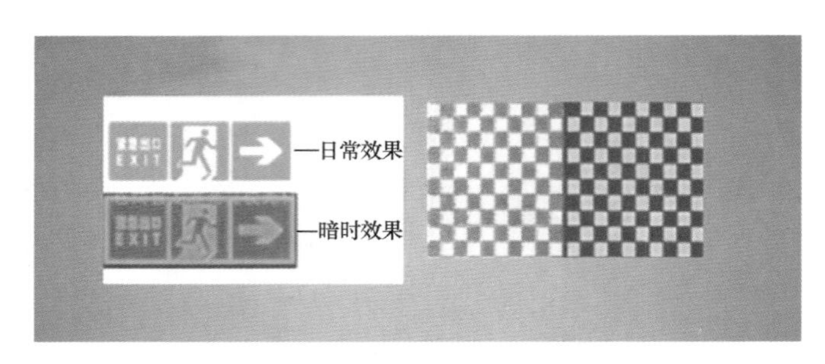

图 7-24　长余辉稀土发光材料的应用

2001 年 9 月 11 日，美国纽约世界贸易中心大厦遭到恐怖分子劫持的民航飞机撞击，制造了美国历史上最严重的恐怖袭击事件——“9·11”事件。两座 110 层的大楼先后倒塌，死亡和失踪人数高达 3200 人。事后不久，美国《新闻周刊》的一篇报道向人们介绍了在“9·11”事件中，由于世贸中心大楼的安全通道和楼梯间采用了中国公司研发的稀土新型无电照明光源，指引 1.8 万人在大厦倒塌前一个半小时内得以迅速安全撤离。此事在国际上引起极大的轰动。

这种稀土新型照明光源不用电，无需复杂的设备，也非放射性或含荧光物质，但只要让它吸蓄日光、荧光、灯光、紫外光等杂散光 10~20min 后，就可在黑暗中持续发光 12h 以上，并可根据实际需要发出红、绿、蓝、黄、紫等多种彩色光。这种神奇的材料就是“给点阳光就持续灿烂”的蓄光型自发光材料，又可称为光致长余辉蓄光材料、非放射性蓄光材料、无电源自发光材料等。

历史上真正有文字记载的“长余辉颜料”是我国宋朝的宋太宗时期用牡蛎制成的发光颜料绘制的“牛画”，即使在夜晚也能清晰地看见画中的牛。1603 年和 1764 年一位意大利修鞋匠和一位英国人先后发现了硫化钡长余辉发光材料和硫化钙长余辉发光材料。

2015 年，中国科学院黄维院士等人在有机合成材料中成功观察到长余辉现象，开创了有机长余辉材料设计合成之先河。目前，长余辉材料以其自身独特的魅力崭露头角，并且显现出广阔的发展前景。

稀土长余辉发光材料能发出红、橙、黄、绿、青、蓝、紫及白色等多种颜色（见图 7-25），可以制成多晶粉末、单晶、薄膜、陶瓷、玻璃和高分子复合材料等。就应用而言，稀土长余辉发光材料已应用于装饰装潢、高能射线探测、光纤温度计、工程陶瓷的无损探测及超高密度光学存储与显示等高科技领域。

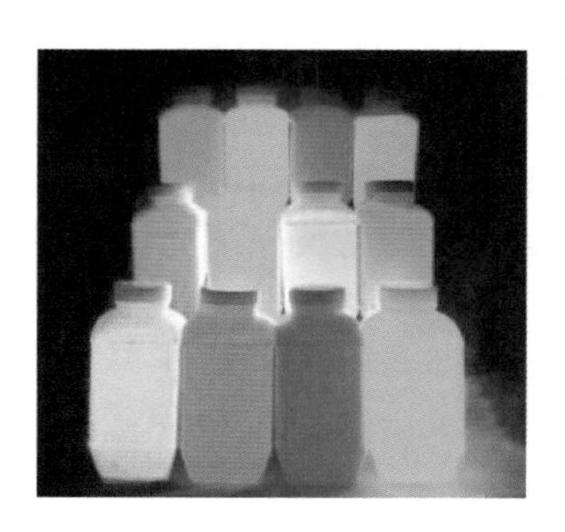

图 7-25　稀土长余辉荧光粉

伴随着镧系元素的完全分离，人们开始尝试以稀土离子作为激活剂掺入硫化物体系中，并获得了许多新的荧光体，如掺铕硫化钙等，其中三价钐离子至今仍然是最具特色的红色长余辉发光材料之一。

稀土长余辉自发光粉还可以作为添加剂制成发光涂料、发光油漆、发光陶瓷、发光工艺品、发光油墨、发光塑料、发光橡胶、发光皮革、发光安全标志、发光纤维、发光纸等产品，在建筑装潢、交通运输、军事领域、消防应急、印刷印染、日常家居生活、低度照明等领域具有广阔的应用空间。在日常家居方面，可为房间营造出一幅如梦如幻的景色，让我们的生活更加明亮和多彩。

7.4.3　稀土光转换材料

上面介绍的都是稀土离子吸收了能量高的紫外光、阴极射线或 X 射线以后，再发射出能量低的光。除此以外，稀土还具有吸收了几个能量低的红外光以后，再把它们的能量加和起来，发射出能量高的可见光的本领。人们把这种发光称为上转换发光。

稀土上转换发光材料是一种新型材料，具有低毒性、化学稳定性高、光稳定性优异、发射带窄、发光寿命长、光穿透力强、对生物组织几乎无损伤、无背景荧光等优点，广泛应用于防伪识别、生物医药、太阳能电池及照明等领域。

稀土离子作为掺杂离子在制备上转换发光材料中扮演着极为重要的角色。三价镱是最为常用且有效的上转换敏化剂。当三价镱和其他稀土离子共掺杂到基质时更会大大提高材料的发光效率。

稀土离子的上转换发光几乎覆盖了可见光的各个波段。它们在近红外量子计数器、激光器、三维立体显示、荧光粉和传感器等方面显示出超强的功能。例如，利用镱作敏化剂、铒作激活剂的红外光变可见光材料（如掺三价镱和铒的氟化钇钡）就有这种功能，它可将掺硅的砷化镓半导体发射的看不见的红外光转变为可见的绿光，利用这种材料可制成体积小的发绿光的发光二极管。

利用稀土光转换材料获得红、绿、蓝可见光可用于彩色显示，利用稀土光转换材料将红外激光转变为可见光实现激光显示还可用于生物医学荧光诊断等。

7.5 稀土储氢材料

在稀土金属中加入某些第二种金属形成合金后，在较低温度下具有可逆吸放氢的神奇功能，通常把这种合金称为稀土储氢合金，如镧-镍 5。储氢合金的储氢本领比氢气瓶可大多了，相当于储氢钢瓶重量 1/3 的储氢合金，其体积不到钢瓶体积的 1/10，但储氢量却是相同温度和压力条件下气态氢的 1000 倍，较好地解决了氢气的储存和运输问题。其意义十分深远，一是使占地球表面 79%的浩瀚海洋有可能成为人类的动力之源；二是由于储氢金属材料储氢密度大、压力低，因此可以做成小型储氢容器直接装在某些实验设备上用作氢源（如氢原子钟）；三是利用储氢金属放氢吸热、吸氢放热的特性，可以获得液氢温度并用以制成无振动制冷机，在军工和航天上具有重要应用；四是利用储氢金属放氢压力随温度大幅度变化的特性可以制成没有振动的压缩机。人类还可以把储氢金属用作燃料电池的电极从而制成发电装置。总之，储氢金属是一种新型功能材料，其应用领域是十分广泛的。储氢合金的多种功能见图 7-26。

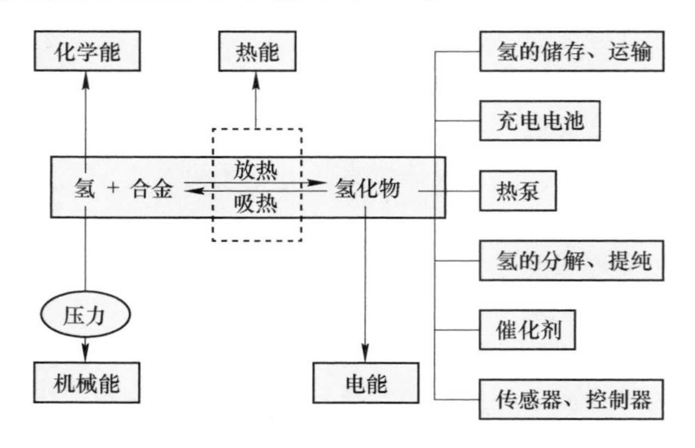

图 7-26 储氢合金的多种功能

稀土储氢材料通常指的是稀土储氢合金粉。镧-镍5型储氢合金（AB_5型）和镧-镁-镍系储氢合金（AB_3型、A_2B_7型）是最重要的稀土储氢合金。它是能源环保领域重要的功能材料之一，已应用于各大工业领域的30多个行业。

稀土镍氢电池（见图7-27）具有能量密度高、循环使用寿命长、动力学性能良好、环境友好和安全性好等优点，在高级电子设备如摄像机、液晶电视接收器、语言处理机、笔记本电脑、无码电话及其他轻便、易携带的电子设备中的电源等方面显示出独特的优越性。

图7-27　稀土镍氢电池

电容型稀土镍氢动力电池（见图7-28）具有高安全性、长寿命、耐低温、能快速充电等特点。比如，只需8min就能充满电，行驶里程达80km，耐得住-55℃的低温。因此它便成为油-电混合车或电动汽车的首选电源。

图7-28　电容型稀土镍氢动力电池

电动汽车用稀土镍氢动力电池的使用寿命达到了8年之多。目前大部分混动汽车采用镍氢动力电池。高功率或超高功率型镍氢动力电池赋予混动车高效的启动、爬坡与加速性能，所以电动汽车将是稀土储氢材料最大的一个应用市场。

从 2008 年北京奥运会投入氢燃料电池轿车作为马拉松先导车和燃料电池客车作为运动员收容车开始，就拉开了氢燃料电池汽车示范运行的序幕。

因为两种物性不同的稀土储氢合金，当其吸放氢时反应热量值较高，所以两者通过相互交换氢气，以实现吸收或放出热量，所以稀土储氢材料用于蓄热泵可以将工厂的废热或低质热能加以回收利用，从而开辟了能源高效利用的新途径。其次利用稀土储氢材料吸收或放出氢时，所产生的压力效应，可以用作热驱动的动力，如用作机器人内部系统的动力源，制动器升降装置和温度传感器、激发器或控制器等。

太阳能、风能等间歇性新能源的存储、燃料电池的高密度氢源、太阳能光热发电储热正逐渐成为稀土储氢材料的应用重点。

在动力缺少和环境污染日益严重的今天，储氢材料的开发与应用自然成为研发新能源的首选，而且还可为氢能的下游产业提供清洁的燃料，为迅猛发展的可再生能源和蓄势待发的氢能燃料电池产业插上腾飞的翅膀。

7.6 光导纤维

在古代中国，人们就用烽火作为战争的信号，是以光作为媒介进行通信的第一次尝试。

现代科学创造的奇迹之一，是使光像电流一样沿着导线传输，其原理是“光的全反射”。不过，这种导线不是一般的金属导线，而是一种由玻璃或塑料制成的纤维，可作为光传导工具，称之为光导纤维（简称光纤，见图 7-29）。

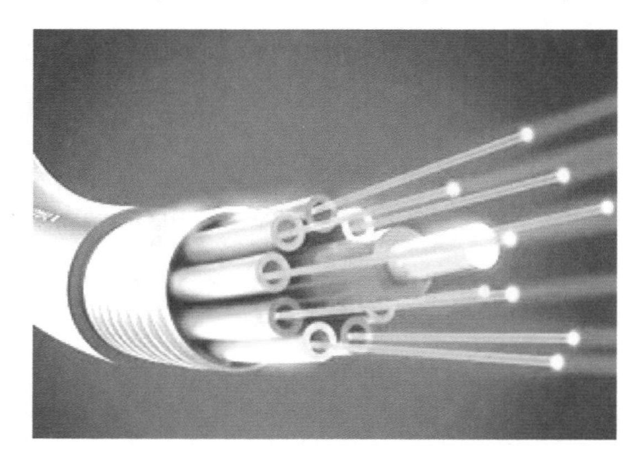

图 7-29　光纤

早在一百多年前一位外科医生一直在想，若能通过病人的咽喉和食道观察患者的胃部，会有助于诊断。这一构想在一位马戏团吞剑魔术师的帮助下进行了尝试。当时他在管子的一端装上小镜子，另一端装上小电灯，然后把这根管子塞到受试者的食管中，果真看到了受试者的胃的内部状态。为什么通过这根管子就可以看到胃的内部呢？很显然，是由于管子对光线的传导把胃部的信息传递出来。由此人们大胆设想，利用光来传递图像、声音等信息是可行的，光导通信的概念由此而形成。

1965 年，香港中文大学校长高锟在一篇论文中提出：可以用石英基的玻璃纤维做长距离信息传递。1970 年康宁公司最先发明并制造出世界第一根可用于光通信的光纤，从此光纤通信登上了历史舞台。1971 年，世界上第一条 1km 长的光纤问世，第一个光纤通信系统也在 1981 年启用。高锟也因此获得 2009 年诺贝尔物理学奖，并被国际公认为“光纤之父”。

作为全球新一代信息技术革命的重要标志之一，光纤通信技术已经变为当今信息社会中各种多样且复杂的信息的主要传输手段，并深刻地、广泛地改变了信息网架构的整体面貌，成为现代信息社会最坚实的通信基础。

在光导纤维中传递的光不会受外界电磁场的影响、信号不会失真、也不容易被窃听，同时它还具有质量轻、集光能力强、分辨率高、耐腐蚀、通信容量大、中继距离长、保密性好、适应能力强等优点。光导纤维可捆绑成柔性光缆，或层叠成片状或块状。其应用量最大的领域是局域网光缆、电话光缆和电子数据光缆（见图 7-30）。

1985 年，英国的佩恩等人首先发现掺杂稀土元素的光纤有激光振荡和光放大的现象，从此揭开了掺杂稀土光纤的光放大的面纱。

现在已经实用的掺铒的单模光纤，可传输信号为每秒 1000 亿比特，而每千米光纤的质量仅为 27g（8 管金属同轴电缆每千米重 4t 多），每根光纤的通信容量可达几千甚至亿条话路。有人做过这样的比喻，全球有 60 亿人，分成两组，每组 30 亿人，让他们在同一时间两两通话，只需通过一对细小的光纤即可实现，而且还互不干扰。还有人做过这样的计算，以玻璃作为传输介质，通过一根发丝般细小的光纤，能够在 1s 之内，把文本、音乐、图像和视频全都精确地传输到世界各地。因此光导纤维已成为通信系统的“骄子”。

光导纤维可传输激光进行机械加工；制成各种传感器用于测量压力、温度、流量、位移、光泽、颜色、产品缺陷等；也可用于工厂自动化、办公自动化、机器内及机器间的信号传送、光电开关、光敏组件等。

光导纤维内窥镜可导入心脏和脑室，测量心脏中的血压、血液中氧的饱和度、体温等。用光导纤维连接的激光手术刀已在临床应用，并可用作光敏法治癌。

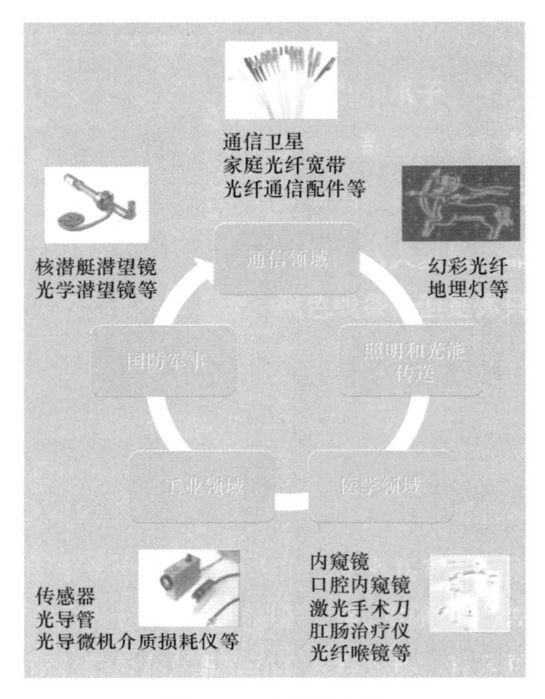

图 7-30　光纤的应用

利用光导纤维可以实现在短距离内的一个光源多点照明，例如蝴蝶光纤灯串长度为 4m，带有 12 个灯头（见图 7-31）。

图 7-31　光纤多点照明

由智能追踪器、光纤、照明灯具三个部分组成的光纤日光照明系统能给室内带来自然光的特殊效果。

7.7 稀土纳米材料

“纳米”这个早些年前还是一个十分生疏的字眼，而眼下却频频出现在我们的视线内。那么，何为“纳米”?

纳米是一种长度计量单位，10 亿纳米等于 1m，相当于 45 个原子串在一起的长度。人们常用“细如发丝”来形容纤细的东西。其实人的头发的直径为 20～50μm，而纳米只有微米的千分之一。因此，纳米级的材料都是十分微小的。纳米科学主要研究的对象是纳米技术和纳米结构。

纳米技术以空前的分辨率为人类揭示了一个可见的原子、分子世界，其最终目标是直接以原子或分子来构造具有特定功能的产品。纳米技术并不只是向小型化迈进了一步，而是迈入了一个崭新的微观世界，可以说是奇妙不尽，奥秘无穷。

早在 1993 年，中国科学院的科研人员在显微镜下，将一个个原子像下棋那样自如地摆放，“写”出“中国”二字。虽然这仅仅是一次实验，但人类可以从中发现和看到纳米世界存在的奇迹。

纳米材料是三维空间中至少有一维处于纳米尺寸范围之内的超精细颗粒材料或者是由它们作为基本单元构成的材料。

稀土被纳米化后，表现出许多特性，如小尺寸效应，高比表面效应，量子效应，极强的光、电、磁性质，超导性，高化学活性等，能大大提高材料的性能和功能，进而开发出许多新材料。

稀土化合物纳米材料分为稀土纳米薄膜、稀土纳米催化材料、稀土纳米陶瓷、稀土纳米磁性材料、稀土纳米储氢材料等。

陶瓷中添加纳米氧化铈不仅可降低烧结温度，还能抑制晶格生长，提高陶瓷的致密性。在氧化锆中添加氧化钇、氧化铈或氧化镧等，可防止氧化锆高温相变和变脆，从而制得氧化锆相变增韧陶瓷结构材料。将稀土激活光催化复合材料加在釉料配方中，可制备抗菌陶瓷。使用纳米级的氧化铈、氧化钇、氧化钕、氧化钐等制备的电子陶瓷的电性能、热性能、稳定性得到明显改善，用于电子传感器、PTC 材料、微波材料、电容器、热敏电阻等。

纳米稀土磁性材料具有单磁畴结构、矫顽力很高的特性，主要应用在电声器件、阻尼器件及选矿等领域。用纳米粒子制作的磁记录材料具有很好的音质和图像。超顺磁的纳米颗粒制成的磁性液体用于磁存储器、磁流体、巨磁阻材料，可大大提高器件的性能。

采用合成的稀土纳米材料及多种添加剂改性，通过特殊的合成工艺制造而成的工程塑料合金轴套主要用于大中型载荷的轴承、滑板或滑块、止推环等方面。用二烷基二硫代磷酸吡啶盐、纳米氟化钠、硝酸镧合成的纳米粉作添加剂做成的润滑油可显著提高承载能力和抗磨损性能。

用稳定的氧化钇纳米粉制成的高强度超耐热合金，可用于制作火焰喷射器的喷嘴。

稀土纳米薄膜必将在信息产业、催化、能源、交通及生命医药等方面发挥越来越重要的作用。也许你觉得纳米材料离我们很远，实际上它已经悄悄地来到了我们生活中，例如日本的 8mm 摄像机、抗菌除臭冰箱、洗衣机、高性能彩色打印墨粉等都采用了稀土纳米材料。

人类社会已进入 21 世纪，各个技术先进的国家都把纳米材料技术列入国家关键技术的前位。开展纳米科技研究，寻梦纳米空间，是人类又一次向科技高峰的攀登。纳米技术必将把人类带入又一个梦幻世界。

7.8 稀土热电材料

1834 年，法国物理学家佩尔捷发现，把不同材料的导体连接起来，并通入电流，在不同导体的接触点——结点，就会吸收（或放出）热量，并称之为热电效应。1838 年，俄国物理学家楞次又做出了更具显示度的实验：用金属铋线和锑线构成结点，当电流沿某一方向流过结点时，结点上的水就会凝固成冰；如果反转电流方向，刚刚在结点上凝成的冰又会立即融化成水。

尽管当时的科学界对佩尔捷和楞次的发现十分重视，但并没有很快转化为应用。直到 20 世纪 50 年代，一些具有优良热电转换性能的半导体材料被发现，热电技术（热电制冷和热电发电）的研究才成为一个热门课题。

热电材料是一种能将热能和电能相互转换的功能材料，可以将热能和电能进行直接转换而无需运动部件，也不排放任何有毒或温室气体；它可利用废热发电，也可用于固态制冷。

施密特·罗尔利用艾姆斯实验室进一步研究确认，掺杂 1% 的镱或铈可以影响热电材料的晶体结构，从而可将这种材料的转换效率提高 25%，是一种把热能转换为电能的关键材料。

热电转换是一种理想的动力源，不仅可以应用到普通家用汽车和军用车辆上，而且已成功应用于驱动旅行者号、先锋号等太空探测器。

铬酸镧材料是 20 世纪 60 年代研究磁流体发电机时发现的一种新发热材料，在 70 年代制成了加热用的发热元件。它最先被用作磁流体发电机的电极材料，随后又被用于高温电热元件和固体氧化物燃料电池及录像机磁头铁氧体单晶的制备、宝石变色处理等方面。铬酸镧在负温度系数热敏电阻、等离子喷涂、磁性材料等方面的应用也不断被拓展。

热电材料主要应用于热电制冷器与电热发电机，从露营用的手提冷却器、汽车内的车用冰箱、电脑中央处理器的散热器、工业精炼厂的废热回收或使用电动汽车中排放出的热气给汽车充电等。

稀土热电材料在绿色能源工程及制冷技术上具有广阔的应用前景。在环境污染和能源危机日益严重的今天，进行新型热电材料的研究具有深远的意义。

7.9 核能技术材料

用于控制核反应堆反应性的材料称为控制材料，包括中子吸收体材料、控制棒包壳材料和液体控制材料等。稀土元素钆、钐、铕、镝和铒的中子俘获截面特别大，是优良的核反应堆控制材料。稀土元素钇、铈和镧的热中子俘获截面小，它们的氢化物可用于反应堆芯的固体减缓剂。

美国采用1%的硼和5%的钆、钐和镧制成厚度为600mm的防辐射混凝土，用于屏蔽游泳池式反应堆裂变中子源。法国采用石墨为基材添加硼化物、稀土化合物或稀土合金制成稀土防辐射材料，并进一步用这种复合屏蔽材料制成预制件，根据屏蔽部位的不同要求，分别置于反应堆通道的四周。

在所有的稀土元素中，钆吸收中子的能力最强，与可裂变的铀混合时，钆可促进燃烧，降低铀的消耗并提高能量输出，且不产生有害的氘。

钐、铕、镝已用作中子增殖反应堆的中子吸收剂。氧化钇可用作沸水反应堆中铀燃料的可燃吸收体和用作熔盐反应堆的管材。

7.10 人造宝石

人造宝石是指由人工制造且自然界无已知对应物的晶质或非晶质体。定名时必须在材料名称前加“人造”二字，如人造钆镓榴石、人造钇铝榴石等。人造宝石具有宝石的属性，可以用作宝石饰物，主要用于代替或仿造某种类型的天然宝石，如人造钇铝榴石、人造钇镓榴石等以其高色散的特性，常用于仿钻石产品（见图7-32）。

随着科学技术的发展，人民生活水平不断提高，人类对宝石的需求也逐渐增加。然而天然宝石材料的资源毕竟是有限的，而人造宝石材料能够大批量生产，且价格低廉，故人造宝石材料在市场上占有较大的份额。

在地球这个物质世界里，延续了几千年并具有与货币同等作用的黄金是市场的“珍贵品”，它的价值可以说是物质中的佼佼者。而由人类发现并制成的稀土

(a)

(b)

图 7-32　人造钇铝榴石(a)和人造钇镓榴石(b)

产品及其新材料的价值，黄金是无法相比的。在整个人类的发展史上，特别是在今天的知识经济时代，称它为无价之宝，一点也不为过。

因此，稀土的“江湖”持续波涛汹涌，稀土仍将牵动人们的神经，并塑造更为多彩的世界。

8 稀土家族成员各显其能

稀土元素家族成员好像孪生兄弟姐妹一样，团结协作精神好，能充分发挥集体的智慧，创造非凡的业绩。然而它们每个成员都有个性，个个才华横溢，身手不凡，在各行各业和高新技术领域中神通广大。

由图 8-1 可见，稀土元素家族的每个成员在火箭上各司其职，恪尽职守。

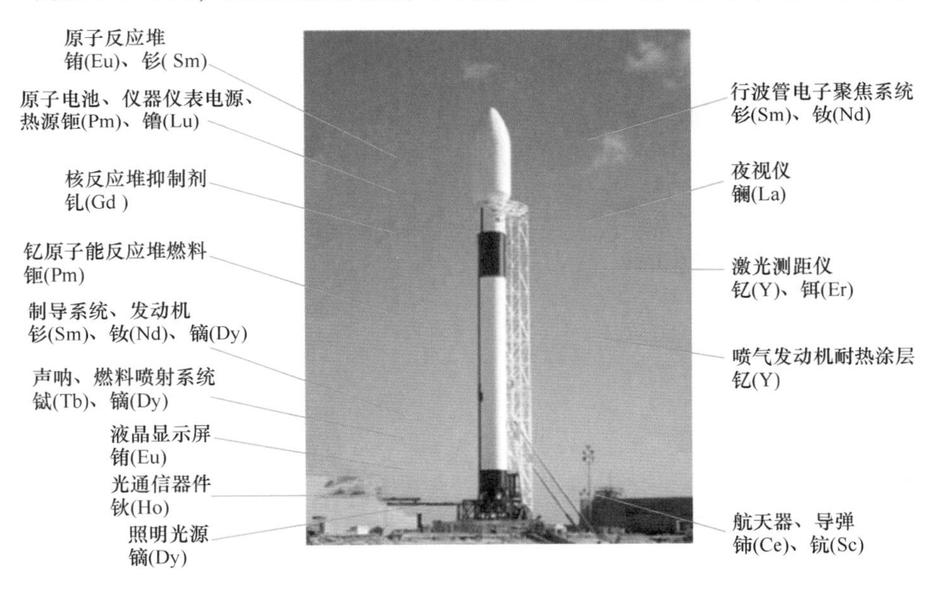

图 8-1　稀土在火箭上的应用

科学家们一致预言，在 21 世纪的信息、生物、新材料、新能源、空间和海洋六大新技术领域中，稀土元素大家族各成员一定会作出不可估量的贡献。

8.1　镧，光学玻璃和储氢合金的奉献者

论地位和名气，镧居于稀土家族主体“镧系元素”之首，并以它的名字来命名这个元素族系；论地壳中的丰度，仅次于铈和钕，居第三位。从发现年代

看，它是第三个被发现的稀土元素。镧没有 4f 电子，全靠真本事吃饭。

镧作为最活泼的一员，在去除氧、硫、磷等非金属杂质和铅、锡等低熔点金属杂质及细化晶粒等方面自然会发挥急先锋的作用。如在铅中加入富镧稀土金属，使铅板的机械强度大幅度提高，不仅改善了铅板的防辐射性能，还扩大了应用范围。

镧的应用非常广泛，主要应用于压电材料、电热材料、热电材料、磁阻材料、发光材料（蓝粉）、储氢材料、光学玻璃、激光材料、各种合金材料等。此外，镧也应用到制备许多有机化工产品的催化剂中，光转换农用薄膜也用到镧。在国外，科学家把镧对作物的作用赋予“超级钙”的美称。

光学玻璃中应用镧既是经典用途也是目前主要应用领域之一。镧系光学玻璃具有高折射率和低色散及抗化学腐蚀的优良光学特性，可简化光学仪器镜头，消除球差、色差和像质畸变，扩大视场角，提高分辨率和成像质量。大孔径镜头中多用镧玻璃，诸如航空摄像机、高档相机、高档望远镜、高倍显微镜镜头等，已成为光学精密仪器不可或缺的镜头材料。

加入镧的夜视仪不仅用于军事装备，而且具有一些非常有趣的民用用途。

镧在功能陶瓷材料中的应用前景广阔。如在钛酸钡电容器陶瓷加入氧化镧，可使电容器寿命提高 400~500 倍。

钛-锆-铅-镧透明多晶陶瓷——光电陶瓷已用于强核辐射护目镜、光通信调制器、全信息记录等方面。以铬酸镧为基体的发热体功能陶瓷材料也引起了人们的高度重视。

镓酸镧材料在中温下具有较高的离子导电性能，是中温固体氧化物燃料电池很有前景的电解质材料。

六硼化镧是一种无机非金属材料，具有许多奇异的性能：熔点高、电子发射强度大、抗辐射能力强、化学稳定性高等，可用于雷达、航空航天、电子工业、仪器仪表、医疗器械等。其中六硼化镧单晶是制作大功率电子管、电子束、离子束加速器阴极的最佳材料。

1970 年发现的镧-镍 5 合金是一种优良的储氢材料，每千克可储存氢约 160L，可使高压储氢钢瓶体积大幅缩小。利用这种合金“呼吸”氢气的特性，可以把纯度为 99.999%的氢气提纯到 99.99999%；利用其吸氢时放热，放氢时吸热的特性，可以用作氢制冷器或采暖装置，还可用于“热泵”或“制冷”。它也可以用作有机合成脱氢或加氢反应的催化剂。镧-镁和镧-镍-镁两种合金的吸氢能力更强，重量更轻，可在氢能源材料中一展绝技。

镧-镍 5 型合金储氢材料最大的用途是用作镍氢电池的负极材料。镧-镍氢化物电池作为高能绿色充电电池，凭借能量密度高，是标准铅酸汽车电池的 2 倍和可快速充放电、使用寿命长及无污染等优点而应用于笔记本电脑、便携式摄像机、数码相机及电动工具等。最有发展前景的是用作汽车、摩托的动力电池。每辆行驶在道路上的丰田普瑞斯混合动力汽车都会携带约 4.5kg 的镧，可降低油耗 50%以上。

镧-铁系化合物中添加适量其他元素可有效提高其居里温度，获得优良的磁致冷效应，是目前最有希望实现实用化的室温磁致冷材料。

溴氧化镧荧光粉是一种高效率的 X 射线和阴极射线发光材料。用溴氧化镧制作的医用 X 射线荧光增感屏能大大提高成像清晰度，并减少 X 射线辐照量，尤其适用于脑部敏感部位和儿童、孕妇的透视检查。

由于铬酸镧材料具有良好的抗腐蚀性和高温下的化学稳定性，最先被用作磁流体发电机的电极材料，还被用于发热元件、录像机磁头铁氧体单晶、高温材料单晶的制备及精密陶瓷烧结和宝石变色处理等。

此外，镧在催化剂、玻璃添加剂、用于影室灯或投影机的碳弧灯、打火机及火炬中的点火元件，以及在阴极射线管、闪烁晶体等方面有着广泛应用。

8.2 铈，抛光和催化材料不可或缺

在稀土元素大家族中，铈是当之无愧的“老大哥”。其一，铈在地壳中的丰度居稀土元素大家族之首，其二，铈是第二个被发现稀土元素。

几乎所有的稀土应用领域中都离不开铈，可谓稀土元素中的“高富帅”、应用全能的“铈大夫”。

铈的早期用途是用作汽灯纱罩的发光增强剂、制造打火石及探照灯和电影放映机的电弧碳棒。它们都与发光有关，可以说铈作为稀土家族的优秀代表，一开始就作为“光明之神”造福于人类。

铈的应用领域非常广泛，几乎所有应用领域的稀土材料中都含有铈。如抛光粉、储氢材料、热电材料、铈钨电极、陶瓷电容器、压电陶瓷、铈碳化硅磨料、燃料电池原料、石油裂解催化剂、某些永磁材料、各种合金钢及有色金属合金等。

从 20 世纪 30 年代起，氧化铈开始用作玻璃脱色剂、澄清剂、着色剂和抛光粉。铈钛黄颜料用作玻璃着色剂可以制造出漂亮的亮黄色工艺美术玻璃。氧化铈作为主要成分制造的各种规格的抛光粉，取代了铁红抛光粉，大大提高了抛光效率和抛光质量，早期用于平板玻璃和眼镜片抛光，如今已广泛用于各种平板显示、光学玻璃镜头和计算机芯片抛光。这些既是铈的经典用途，也是目前铈的主要应用领域。

氧化铈作为澄清剂加入玻璃中，可使玻璃变得更加无色透明。铈作为玻璃添加剂，能吸收紫外线和红外线，已被大量用于汽车玻璃，还可降低车内温度，从而节约空调用电。

在陶瓷工业中，二氧化铈可用作釉料的乳浊剂及着色剂。在釉料中，还可以通过二氧化铈与二氧化钛配合引入，制备出美丽的黄色釉。当釉中加入较多的二氧化铈（>8%），可生成别具风格的闪光釉。

铈的化学活泼性使它在冶金领域也大显身手。20 世纪 50 年代，中国成功地冶炼出稀土-硅-铁合金，进而又制得稀土-硅-铁-镁合金，并用作球化剂，从此开启了稀土在球墨铸铁和蠕墨铸铁中应用的大门。以铈为主要成分的混合稀土金属还广泛应用于稀土钢、电工铝和铸造镁合金等金属材料。利用铈合金的耐高温性，制造喷气推进器零件。

铈作为优良的环保材料已应用到汽车尾气净化催化剂中，可有效防止大量汽车废气污染环境。

氧化铈能与纳米氧化钛制成光催化剂，用于抗菌陶瓷和负氧离子环保涂料。

纳米氧化铈被誉为第三代紫外线隔离剂，已被大量应用于汽车玻璃和飞机及航天飞行器的挡风玻璃。纳米氧化铈薄膜可以用于制备各种光学薄膜，如微充电电池的减反射膜、保护膜和分光膜，也可制成汽车玻璃抗雾薄膜，能有效防止在汽车玻璃上形成雾气。

掺铈的氟化铝-锶-锂激光系统是唯一的一种从固态材料直接产生可调谐紫外激光的固体激光器，它在效率上比其他类型的固态紫外激光材料高 10~100 倍。这种新型激光器适合用于遥感领域。在战争环境中，通过监测色氨酸浓度可用于探查生物武器；在医学领域，这种激光器发出的脉冲能被人体组织强烈吸收，实现线穿透，同时短的脉冲宽度将消蚀除掉被照射的组织。

硫化铈可以取代铅、镉等对环境和人类有害的金属而应用到颜料中。这种颜料可用作塑料的红色着色剂，也可用于涂料、油墨和纸张等行业。富铈轻稀土环烷酸盐等有机化合物可用作油漆催干剂、聚氯乙烯塑料的稳定剂和 MC 尼龙的改性剂。

荧光级氧化铈用于制造灯用三基色荧光粉的绿粉，用金属铈可以制造铈-钴-铜-铁永磁材料，铈-钨电极可以代替有放射性的钍-钨电极等。

我们有理由相信，铈作为自然界中丰度最高和最为廉价的稀土元素，不但在过去和现在为人类作出了辉煌的贡献，对今天和未来的高科技发展也必定会发挥越来越重要的作用。

8.3 镨，磁性材料和玻璃陶瓷的“宠儿”

镨位居镧系元素的第三位，在地壳中的丰度仅次于铈、钇、镧和钪。正如它的名字一样，镨是个朴实无华，个性似乎不太突出的稀土家族成员。

单独用镨作永磁材料，其性能并不突出，但它却是一个能改善磁性能的优秀协同元素。无论是钐-钴永磁材料，还是钕-铁-硼永磁材料，加入适量的镨都能有效地提高和改善永磁材料性能（见表8-1）。

表8-1 镨对永磁材料的影响

产品	Pr的加入量	作用
$SmCo_5$ 加入部分Pr	20%（80%Sm）	磁能积增大，若Pr过多，矫顽力减小
第三代 $Nd_2Fe_{17}B$	5%~8%，最高10%，取代1/3钕	提高矫顽力
$Sm_2Fe_{17}N_9$ 新型稀土粘接永磁材料		提高抗氧化性和力学性能

在各种有色金属及合金中添加镨的作用：

（1）铸造铝合金中加入镨，可提高铝合金的强度和伸长率；铜合金中添加镨可提高铜合金的机械加工和耐腐蚀性能及高温抗氧化性。

（2）铝合金中添加镨，能减少铝合金的气孔率，提高其硬度、强度、韧性、耐热性、可塑性和锻压性。用这种铝合金制成的高温导电缆，电阻率可降低3%，成品率则可提高35%。

（3）镨添加到铁-铬-铝电热合金中，可提高合金的抗氧化性，且使用温度可高达1350~1400℃。用这种合金做成电合金丝，其力学性能稳定，加工性能优越，在高温下使用寿命长。

镨可用于新型研磨材料，制成刚玉砂轮。与白刚玉相比，在研磨碳素结构钢、不锈钢、高温合金时，效率和耐磨性可提高30%以上。

镨在玻璃、陶瓷、光纤等领域大有用武之地（见图8-2）。

图8-2 镨的应用

将氧化镨加入硅酸锆中会呈亮黄色——镨黄，可用作陶瓷颜料。镨黄呈淡黄色，色调纯正、淡雅，在高达1000℃时仍保持稳定，被认为是最好的黄色陶瓷釉料。

氧化镨可发出类似于铬发出的绿色，被用作玻璃着色剂。具有鲜亮韭绿和葱绿色彩的“镨绿”玻璃既可制作绿色滤光片，又可用于工艺美术玻璃。在世界闻名的意大利威尼斯和捷克的水晶玻璃中都会看到镨的亮绿色彩。硫化镨还有望成为实用的绿色塑料的着色剂。

掺镨光纤放大器是一种技术成熟、性价比优异的光纤放大器，在光纤有线电视的兴建改造与系统升级等领域有着非常好的应用前景。

总之，镨元素虽然在各方面的应用上表现得中规中矩，不是很突出，但也是必不可少的。

8.4 钕，永磁材料之母

钕在地壳中的丰度，居稀土元素的第二位。钕的颜值高，个性突出，是稀土元素家族中最为显赫的一员，也是最多才多艺的一员，占有独特的地位，扮演着重要角色。在稀土应用领域中钕是后起之秀，对推动稀土产业的发展，发挥着极为重要的作用，成为市场关注的热点。

1983年，钕铁硼永磁体的问世引起了国际磁学界的轰动，被列为当年世界十项重大科技成果之一。由此，永磁材料也成为钕的最大用户。钕铁硼磁体磁能积高，被称为当代“永磁之王”。

“永磁之王”在我们身边随处可见，比如手机、耳机、电吉他、硬盘、麦克风等，还有在墙上粘图纸、挂工具的那些小玩意里面也都有钕元素。甚至工地上回收废铁，也可以用磁王。所以说，钕是一个几乎每个家庭都有的元素。

钕铁硼永磁材料终端应用如图8-3所示。

钕铁硼磁体是汽车制造、通用机械、电子信息产业和尖端技术不可缺少的功能材料。

阿尔法磁谱仪（见图8-4）是一个安装于国际空间站上的粒子物理试验设备。其目的在于探测宇宙中的奇异物质，包括暗物质及反物质。希望有朝一日神秘的暗物质的面纱将会被携带着钕铁硼永磁体的阿尔法磁谱仪掀开。

阿尔法磁谱仪的核心部件（钕铁硼材料）是由中科院电工所设计制造的，可以产生0.15T的磁场强度。因此丁肇中说：“中国科学家为磁谱仪实验作出了决定性贡献。”

各向同性粘结钕铁硼磁体主要用于计算机磁盘、光盘及家电中的微型直流主

图 8-3　钕铁硼永磁材料终端应用

图 8-4　阿尔法磁谱仪

轴电机和步进电机中。这类磁体将给汽车挡风玻璃雨刮驱动电机、玻璃窗升降电机、观后镜驱动电机、电动门锁和电动调节座椅电机等带来革命性变化。

在铝或镁合金中添加1.5%~2.5%的钕可提高合金的耐高温性能、气密性和耐腐蚀性，被广泛用作航空航天材料。

钕元素是现代高功率激光系统（见图8-5）的核心材料。

图8-5 现代高功率激光系统

钕被广泛用于激光材料，既可用作激光晶体，也可用作大功率激光玻璃。1964年发现的掺钕钇铝石榴石晶体已成为目前最常用的固体激光材料，也是当前技术最成熟、用量最多的激光晶体。它多用于金属材料的切割、打孔、焊接和激光手术刀等方面。

用掺钕硼酸钆-铝晶体制造的蓝色激光器属于全固态激光器，可产生蓝色激光，在高密度数据存储、彩色印刷、水底通信等诸多方面有广泛的应用前景。

中国研制的N31型钕激光玻璃（见图8-6）已成功应用于我国神光系列大型高功率激光装置及高重复率中小激光器中。

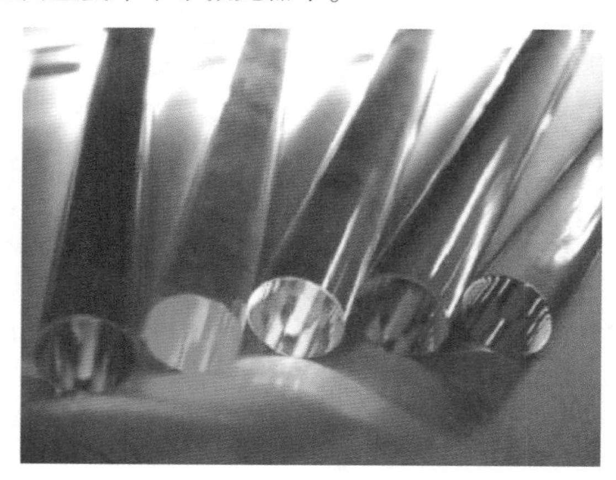

图8-6 N31型钕激光玻璃

高功率钕玻璃激光实验装置“神光 1 号”和“神光 2 号”已成功用于激光核聚变试验。

掺钕的聚合物光纤的光学性能稳定，在全光通信、医学、传感器和光谱学领域发挥着一技之长。

钕是玻璃和陶瓷材料的优良着色剂。用钕着色的工艺美术玻璃和陶瓷可呈淡粉、玫瑰红、淡紫和紫罗兰等多种色调，色彩晶莹亮丽，名贵高雅。尤其是具有神奇的双色效应，在不同光源的光照下，会呈现出从玫瑰紫红到淡蓝紫色的不同变化。世界各地著名的工艺美术玻璃和艺术陶瓷制品，如意大利威尼斯工艺玻璃和景德镇的艺术陶瓷制品上，都能看到钕的靓丽色彩。

由于氧化钕能用于陶瓷色釉和釉下彩着色，许多建筑和日用陶瓷也经常闪动着钕的独特身影。

随着科学技术的发展，钕的应用将不断拓展和延伸，为稀土在高科技的应用不断注入新的活力。

8.5　钷，神奇的发光物质

钷元素的名字来源于希腊神话中的英雄——天神普罗米修斯。普罗米修斯冒着生命危险到太阳神阿波罗那里盗取火种并将其带到人间，给人类带来光明、温暖和安全。这似乎也预示着钷元素将给人类带来光明和创造活力。

钷是在铀裂变产物中分离出来的，一直被人们视为人造稀土元素。但是，到了 1972 年，人们发现天然高品位铀矿若有足够的中子，便可以慢慢地进行天然的核裂变，从而生成钷，那么钷就不再是人造稀土元素了。钷的应用较少，主要作为热源，为深空探测和人造卫星提供辅助能量，以及作为钷电池的制造材料。此外，钷也运用于制备便携式 X 射线仪、航标灯等。

钷的应用多与放射性有关，如钷-147 是一种只放射 β 射线的放射性核素，其半衰期为 2.6 年，可用于制造“夜明珠”的放射性发光材料。钷元素的特殊性能使其在人类生活中大放光彩。

钷的主要应用领域是放射发光。放射发光是指某些物体在放射性同位素的射线作用下产生长时间光辐射的现象。放射发光不产生热量，也叫“冷光”。比起普通的自发光元素，放射发光的优势在于它不需要电源供电，不用电池、灯泡和导线等零部件，可以根据不同要求制成各种不同形状和颜色的器件，其光线柔和隐蔽，不需要维护保养即可长期提供微弱照明，例如地下建筑物永久性的发光标志等。

放射性发光材料作为良好的夜间显示器材料，可用于陆、海、空武器装备的仪器和仪表。利用放射发光粉作涂料，夜间显示仪表数据十分清晰，一目了然。

随着夜间作战的需要，采用钷同位素的放射发光照明器材将在未来战场上大有用武之地。

由于β射线射程短，对人体危害小，因此钷-147可在诸多领域大放光芒：

（1）钷-147放出低能量的β射线，能使磷光体发光，可制作防护用的发光粉，用于航标灯及各种飞机、军舰、坦克、车辆的驾驶室、仪表舱、控制台的夜间显示仪表。

（2）利用钷发出射线产生热量，为真空探测和人造卫星提供辅助能量。

（3）美国阿波罗登月舱（见图8-7）中曾使用了125个钷-147原子灯。

图8-7　美国阿波罗登月舱

（4）利用钷的β放射性还能制造便携式X射线仪、密度自动测量和厚度自动测量仪等。

除此之外，钷-147可用于制造放射性同位素电池，利用钷发出射线产生热量，通过热电偶将热能转化为电能；也可以利用放射线作用于荧光物质产生的荧光照射在硅光电池上而产生电能，这类特殊的电池只有纽扣大小，能持续工作5年之久，可用于导弹中的仪器核动力电池、仪表及无线电接收器电源，也可作为心脏起搏器电源。

尽管钷属于自然界几乎不存在的放射性稀土元素，但关于钷的化学、工艺学和应用研究一直被科学家们高度重视。

8.6　钐，永磁材料的先行者

全部化学元素在地壳中的丰度排行榜中，钐位列第40位，是一个储量比较丰富的元素。

20世纪60年代问世的钐-钴5系永磁材料和70年代诞生的钐2-钴系永磁

体，曾经使钐成为稀土家族中“红极一时”的成员。由于钐-钴永磁不但磁性强，而且具有很高的矫顽力和优异的高温使用性能，成为当时电子和军事工业特殊用途的“佼佼者”。在美国载人宇宙飞船——阿波罗5次登月计划的顺利实施中，导航系统上都使用了钐-钴永磁体。钐-钴永磁材料在阿波罗上的应用被看作稀土用于尖端技术的典范。由此也使金属钐在当年一时“洛阳纸贵”，身价百倍。20世纪70年代后期，中国稀土研究者们研制的钐-钴永磁材料性能就已达到世界先进水平，并成功地用在如风云气象卫星、航空航天工程等重大项目中。

钐基巨磁致伸缩材料正在引起人们的高度关注。

用氧化钐和氟化钐制作的光学镀膜材料可用于激光滤光片，也可用于特种的玻璃滤光器中，例如红外线滤光器。

钐的同位素钐-149，是一种强的中子吸收剂，可添加到核反应堆的控制棒，使核裂变产生巨大的能量得以安全利用。

钐催化剂在甲烷转化时具有很高的活性、稳定性和选择性。甲烷通过氧化钐催化可转变成乙烷和乙烯。二碘化钐可选择性地将乙醛还原成乙醇。

8.7 铕，光影世界的缔造者

千变万化、五光十色的稀土发光材料是铕最具魅力的应用舞台。

在稀土元素中，铕属于“物以稀为贵”的一员。可能是因为这个原因，使它在问世后的很长一段时间里因派不上用场而默默无闻。直到人类发明了彩色电视，由于它和钇一起可以用作彩电红色荧光粉，才使其名声大振，进而又用作计算机和各种显示器及节能电光源的荧光粉，使它一下子就成为电子信息材料的“新宠”。

氧化铕大部分用于荧光粉。三价铕用于红色荧光粉的激活剂，激活的硫氧化钇与钒酸钇是彩电显像管用的红色荧光粉。

掺铕正硼酸盐纳米晶真空紫外荧光粉是一种新型紫外荧光纳米材料，作为红色发光材料主要应用于等离子平板显示器。

20世纪90年代以来，开发成功了二价铕和其他稀土离子掺杂的绿色、蓝绿色及蓝色长余辉发光材料，可制成发光涂料、油墨、塑料、陶瓷、搪瓷和发光美术工艺品等，在建筑装饰、街道标牌、仪器仪表、消防安全、地铁隧道、印刷印染、广告等众多领域魅力无限。二价铕激活氟氯化钡和氟溴化钡荧光体在X射线增感屏和存储计算的X射线摄像系统中都有不俗的表现。

铕用在各类光学玻璃、透明晶体中，是现代光电器件，特别是大功率激光器件的关键元素。掺铕的氯硅酸盐荧光材料可用于白光LED。

在有色镜片、光学滤光片和磁泡贮存器件中，以及在原子反应堆的控制材料、屏蔽材料、中子防护材料和结构材料中氧化铕都能一展绝技。

8.8 钆，核反应堆的“安全保护神”

虽然钆的应用不是很广泛，但是它在核工业和医疗领域的应用还是无可替代的。

在核工业中，钆扮演着重要的角色。钆具有最高的热中子俘获面积，可用作反应堆控制材料和防止核辐射的结构材料。在所有的元素中，钆吸收中子的能力最强，每个自然钆原子在失效前平均吸收 4 个中子，是最有效的中子吸收剂，可用于核电站中的连锁反应级别控制棒，也可以用于某些核反应堆的紧急关闭系统，以确保电厂正常工作，没有任何损害风险，成为核反应堆（见图 8-8）的“安全保护神”。当与可裂变的铀混合时，钆可促进燃烧，降低铀的消耗并提高能量输出。

图 8-8　核反应堆

高纯氧化钆用于制备钆镓石榴石，它的单晶用作磁泡记忆存储器的单基片。钆钇石榴石主要用于微波炉等方面，它也是用于磁光膜的良好基材。

钆用作钐-钴磁体的添加剂，以保证磁体性能不随温度而变化，可应用于磁控管阴极材料。

掺钕硼酸钆-铝晶体制造的蓝色激光器，在高密度数据存储、彩色印刷、光通信、水底通信等诸多方面展示出非凡的才能。

钆-镉-硼酸盐玻璃可用作吸收慢中子的防耐辐射玻璃；钆的氟化物光纤（如

铍-钆-锆氟化物系）能传输比石英系光纤更长波长的光，有望用于远距离低损耗的光通信传输。

掺铕的钇-钆-硼酸盐红色荧光粉可用于等离子体显示屏。钆也可用于长余辉荧光粉。用钆的钒磷酸盐可制造发光薄膜。

1976 年，美国宇航局的布朗首先采用金属钆作为磁制冷材料，并于 1997 年采用金属钆研制出人类第一台使用超导磁体的室温磁制冷原理样机，效率高达 60%，而且不排放污染物。

最近研究发现钆-硅-锗三元合金是一种具有巨磁热效应的材料。

石榴石型铋-钆-铁-镓-氧系铁氧体和钆-钴系非晶合金等都是性能优异的磁光材料，具有高磁光效应和低磁光损耗。

用掺钕硼酸钆-铝晶体制造的激光二极管泵浦的自倍频蓝色激光器在高密度数据存储、彩色印刷、水底通信等诸多方面都有不俗的表现。

掺铽的硫氧化钆可用作特殊亮度的示波管和 X 射线荧光增感屏的基质栅网，提高感光灵敏度和清晰度，减少人体受 X 射线辐射的剂量。

钆-二乙烯二胺五醋酸的配合物可提高核磁共振波谱仪的成像信号。含钆造影剂已被用于普通核磁共振增强检查和磁共振血管造影。

8.9 铽，稀土大家庭中的“贵族”

随着电子信息产业的迅速发展，一批新型铽基稀土功能材料应运而生，铽才显示出它特有的才能。铽的应用大多涉及高技术领域，有着诱人的发展前景。

铽-铁-钴合金用于计算机记录媒体的光磁盘。激光照射时，利用由表面磁化的反射光的变化写入、读出信息。用铽-铁非晶态薄膜研制的磁光光盘，作计算机存储元件，存储能力提高 10~15 倍，且存取速度快；用于高存储密度光盘，可擦涂数万次，是电子信息存储技术的重要材料。

铽-镝-铁合金作为最好的磁致伸缩材料，初期主要用于声呐，目前在航空航天的太空望远镜和机翼调节器、超声技术、海洋探测与开采、水下移动通信、高精密度控制等高技术领域魅力无穷。铽-铁-镝磁致伸缩材料在传感器、换能器、卫星定位系统、精密机床、机器人等方面也有重要应用。

三价铽离子是制作磁光玻璃的首选。含铽的磁光玻璃在可见光和红外光区具有很好的透光性，各向同性，容易制得大尺寸制品，并能够拉制成光纤，因此它是制造体积小，能生产高性能法拉第光旋转器、隔离器、环形器和光纤电流传感器的关键材料。

几乎所有铽-镓石榴石单晶的稀土绿色荧光粉都用铽作激活剂，如铽激活的磷酸盐基质、硅酸盐基质和铈镁铝酸盐基质荧光粉及以铽为激发剂的硫化锌绿色荧光粉等。铽用作新型半导体照明用蓝光激发的白光 LED 用荧光粉及医用 X 射线增强屏的荧光粉的激活剂。

金属铽和铽-铁合金被用作高性能钕铁硼永磁材料的改性添加剂。

8.10 镝，永磁材料的好帮手

在镧系元素中，镝排行“老十”，它的本事绝不亚于其他兄弟姐妹，在许多高技术领域中起着越来越独特的作用。

在钕铁硼磁体中添加 2%~3%的镝，就能显著提高磁体的矫顽力，因此镝已成为高性能钕铁硼永磁性材料的必须添加元素。

由铽-镝-铁合金制备的超磁致伸缩材料已成为提高尖端技术竞争力的重要智能材料。它可用于换能器、宽频机械共鸣管和高精度液态燃料喷射器等。

镝还被用于磁泡存储材料。磁泡材料是指在一定外加磁场作用下具有磁泡畴的磁性薄膜材料，可用作信息存储器，用于军用微机、飞行记录器、终端机、电话交换机、数控机床、机器人等。

碘化镝被用于制造新型照明光源——镝灯。这种灯具有亮度强、颜色好、色温高、体积小、电弧稳定等优点。日光色镝灯适用于电影电视拍摄与演播、体育场馆（北京奥运会比赛场馆照明的主角）、展览馆大厅和舞台追光、彩色印刷、照相制版、晒版光源等方面。反射型日光色镝灯是农科试验、培养农作物、加速植物生长的理想光源。作为人工辐射光源用于各种人工气候箱、人工生物箱、温室等场合。

氧化镝可用作高频介电陶瓷构件材料，用于介电谐振器、介电滤波器、介电双工器和通信装置。

由于镝元素具有中子俘获截面积大的特性，在原子能工业中用来测定中子能谱或做中子吸收剂。

另外，掺镝的发光材料可作为三基色荧光粉。镝-镍金属陶瓷可作为核反应堆控制棒材料。

8.11 钬，功能材料的添加剂

钬是稀土家族中的稀有者。与其他成员相比，对钬独当一面的本征特性挖掘得还不够，还缺乏独特而又量大面广的应用领域，其应用市场还有待进一步开拓。

碘化钕（镝、钪）等都是制作金属卤素灯的优质材料。稀土金属卤素灯光色好，功率大，接近日光，有较高的显色指数和发光效率，适用于电影电视拍摄与演播，体育场馆、展览馆大厅、建筑工地、码头和戏剧舞台的照明，也适合于大型广场、机场、宾馆、广告牌等高层建筑外的立面装饰照明，可以凸现出建筑物轮廓鲜明、色彩绚丽的立体效果，被称作现代城市夜景的“光彩雕刻师”。金属卤素灯用作彩色印刷制版、晒版光源也具有独特的优越性。

金属卤素灯是一种密封式的发光发热管，内充碘化钕，能有效保证电热丝寿命，是一种新型的环保产品，主要用于烤漆、烘箱、光波炉、取暖器、微波炉、消毒柜、电热茶壶、咖啡壶、饮水机等。

钕还被用作化学计量激光材料。这种材料的潜在用途是在集成光学、光通信等方面。

掺杂钕的铌酸锂和钽酸锂光学超晶格材料可制成短波长激光器与双波长激光器，可望在全色显示、激光医疗、光通信领域大展宏图。

钕的很重要的用途是用作固体激光材料。例如掺钕的钇铝石榴石激光器进行医疗手术时，不但可以提高手术效率和精度，而且可使热损伤区域减低到最小。目前钕激光治疗机（见图 8-9）已成功地用于泌尿外科、呼吸科、五官科、皮肤科、妇科、骨科等医疗科室。

图 8-9　钕激光治疗机

中国已研制出一种静动态兼容的“非选择性吸收”波段红外激光医用激光治疗机，为激光心肌血运重建术、医学美容术及腔内镜下无创或微创手术治疗实验研究提供了一种新的技术手段。

用掺钕的光纤可以制作光纤激光器、光纤放大器、光纤传感器等光通信器件，在光纤通信迅猛发展的今天将发挥更重要的作用。

掺钕的氟锆酸玻璃和钕激光玻璃是一种输出脉冲能量大、输出功率高的固体激光材料，用它制成的大型激光器可用于热核聚变研究。钕能吸收核裂变的中子，所以它可控制核反应堆中连锁反应的速度。

2017 年 3 月，IBM 在《自然》杂志上发表论文称，在氧化镁表层附着一个一个磁化的钬原子，就可以使原子磁极保持稳定，也不会受到其他磁场干扰。因此每一个钬原子可以存储一个比特的信息。这种“未来硬盘”技术可以让硬盘缩小至 1/1000。

随着科学技术的进步和发展，钕也像其他稀土元素一样，在不远的未来，为人们展示出更加美好的应用前景。

8.12 铒，信息高速公路的加油站

铒在地壳中的丰度仅为钕的1/10。本着“物以稀为贵”的原则，它在稀土家族中也算作“贵族”。铒的光学性质非常突出，为它在光电子材料和器件中的应用提供了十分有利的条件，一直为人们所关注。

铒最突出的用途是制造掺铒光纤放大器，它是光纤通信中最伟大的发明之一，甚至可以说是当今长距离信息高速公路的加油站。铒光纤放大器就如同一个光的泵站，使光信号一站一站毫不减弱地传递下去，从而顺畅地开通了现代长距离大容量高速光纤通信的技术通道。

由于掺铒光纤放大器具有增益高、频带宽、噪声低、效率高、连接损耗低、偏振不灵敏等特点，极大地推动了光纤通信技术的发展。目前掺铒光纤放大器已成为光纤通信、有线电视光信息网络系统中的关键器件之一。

铒的另一个应用热点是用作激光材料。铒激光是一种固体脉冲激光，能被人体组织中的水分子强烈吸收，从而用较小的能量获得较大的效果，可以非常精确地切割、磨削和切除人体的软组织。铒激光治疗仪特别适用于激光美容。铒激光“磨皮换肤术”已成为当今高科技美容术，不影响皮肤的正常颜色和厚度。所以铒激光美容已成为祛斑除皱、磨去疤痕、嫩肤美容医学的热门。对老年斑等皮肤色素性疾病和毛发移植也有理想的疗效。铒激光治疗仪正为激光外科开辟出越来越广阔的应用领域。

掺铒激光玻璃是目前输出脉冲能量最大、输出功率最高的固体激光材料。掺铒的激光晶体（见图8-10）及其输出的激光具有对人眼的安全性，且大气传输性能较好，对战场的硝烟穿透能力较强、保密性好、照射军事目标的对比度较大的优点，已制成军用的便携式激光测距仪。

图8-10 掺铒的激光晶体

添加铒的玻璃具有稳定的粉红色调，大量用于太阳镜和装饰花瓶方面。用氧化铒制成的粉红色的釉质能使玻璃和陶瓷呈现晶莹鲜亮的桃红色，用于美术工艺品，显示出独特的光彩和色调。

8.13 铥，固体激光材料的贡献者

铥是自然界中最稀少的稀土元素，就是在提取铥的主要矿物江西龙南重稀土矿中，铥的含量也不足钇的百分之一。

尽管铥的应用开发较晚，但近年来随着一些高新技术材料的出现和崛起，铥的应用也得到迅速发展。

铥在高强度电光源、激光、高温超导体等领域中扮演着重要角色。

铥加入玻璃中制成的激光材料是目前输出脉冲量最大、输出功率最高的固体激光材料。

铥在激光晶体中也有不俗的表现。掺钬、铥、铬的钇铝石榴石是一种高效率的激光晶体。由于该激光位于水强吸收带和人眼安全的波长范围，因此用这种激光晶体制造的激光器广泛应用于医疗和气象等领域，还被用于导弹防御系统的激光雷达等军事方面，可以明显提高测距和弹道估算的精确度。

铥可用做以玻璃光纤作为增益介质的光纤激光器，也可用做稀土上转换激光材料的激活离子和新型照明光源金属卤素灯的添加剂。

铥在核反应堆内辐照后产生一种能发射 X 射线的同位素，可制造轻便 X 射线源和便携式血液辐射仪。这种辐射仪能使铥-169 受到高中子束的作用转变为铥-170，放射出 X 射线照射血液并使白血细胞下降，而正是这些白细胞引起器官移植排异反应的，从而减少器官的早期排异反应。

铥在 X 射线增感屏用荧光粉中作激活剂（蓝光），可增强光学灵敏度，因而降低了 X 射线对人的照射和危害。

8.14 镱，光纤放大材料中显神威

随着光纤通信和激光等高技术的出现，镱逐渐找到了大显身手的应用舞台。

近几年来，镱在光纤通信和激光技术两大领域崭露头角并得到迅速发展。掺镱光纤放大器可以实现功率放大和小信号放大，因而可用于光纤传感器、自由空间激光通信和超短脉冲放大等领域。

镱的光谱特性还被用作优质激光材料，既被用作激光晶体，也被用作激光玻璃和光纤激光器。

掺镱激光晶体作为高功率激光材料已形成一个庞大的系列，包括有掺镱钇铝

石榴石、掺镱钆镓石榴石、掺镱氟磷酸钙、掺镱氟磷酸锶、掺镱钒酸钇、掺镱硼酸盐和硅酸盐等。

随着集成电路、光纤通信和激光技术等高新技术的发展，镱离子由于拥有优异的光谱特性，可以像铒和铥一样，被用作光通信的光纤放大材料。中国研制的高浓度铒-镱共掺磷酸盐光纤适用于全波放大器。

镱激光玻璃包括锗碲酸盐、硅铌酸盐、硼酸盐和磷酸盐等多种高发射截面的激光玻璃。由于这些玻璃易成型，可以制成大尺寸并具有高光透和高均匀性等特点，可制成大功率激光器。用镱激光玻璃制造的激光器越来越广泛地应用于现代工业、农业、医学、科学研究和军事方面。

将核聚变产生的能量作为能源一直是人们期待的目标，实现受控核聚变将是人类解决能源问题的重要手段。掺镱氟磷酸锶晶体以其优异的激光性能正在成为21 世纪实现惯性约束核聚变升级换代的首选材料。

激光武器是利用激光束的巨大能量，对目标进行打击破坏，尤其适用于现代战争的防空武器系统。掺镱激光玻璃的优异性能已使它成为制造高功率和高性能激光武器的重要基础材料。

镱可用作荧光粉激活剂，无线电陶瓷、电子计算机记忆元件（磁泡）的添加剂等。镱也是制作磁致伸缩材料的好帮手。

此外，镱也对世界钟表的精度作出了重要贡献。美国国家标准与技术研究所的研究人员于 2016 年成功研制出迄今最精确的原子钟。如果它从宇宙诞生之初就开始“滴答”走动，到今天也不会发生 1s 的误差。据研究人员在《科学》杂志上发表的文章称，这一原子钟是用镱元素制成的。镱原子钟的精度达 10 的负18 次方，即每 3 亿年误差 1s，比此前最精确的原子钟提高约 10 倍。这种原子钟有望在要求有稳定时间信号的领域派上用场，包括互联网、金融系统和导航定位系统等。

8.15 镥，神奇闪烁晶体中放光彩

镥是稀土家族中最为稀少的成员之一，所以它身价的高贵，使其应用也总是集中在尖端技术材料方面。

当出行的人们把手提包放进机场安检口的扫描设备中，当人们在医院就诊时需要拍摄胸部的 CT 造影时，闪烁晶体正在为人类的安全和健康默默地奉献着。事实上，近年来在高能物理和空间研究、医学成像，以及迅猛发展的工业检测和安全检查等众多高技术装备中正在越来越多地出现闪烁晶体的身影。总之，闪烁晶体与我们越走越近了。

闪烁晶体是在放射线或原子核粒子作用下发生闪光现象的一类神奇的晶体材

料。由于三价镥离子的 4f 亚层电子是全充满的，具有密闭的壳层结构，属于光学惰性，适合于做基质材料，同时它具有非常大的相对原子质量，因此含镥氧化物闪烁晶体备受关注。目前，镥的最大应用热点是用来制造闪烁晶体。

掺铈硅酸镥晶体是一种新型无机闪烁晶体材料，具有发光强度高、衰减时间短、抗辐照能力强、密度大、有效原子序数高、不潮解等特点，在核物理、核医学、高能物理、安全检查、地质勘探等领域具有广泛的用途。

现今有一种比“核磁”还要先进的医用成像设备，这就是“正电子发射影像诊断仪”即 PET-CT。它是以镥的闪烁晶体为探测元件，获取示踪剂在人体内的三维分布及其随时间变化的信息。最大优点是能定量地评价人体组织的生理、生化功能，从而在分子水平上进行代谢功能研究和疾病的早期诊断，可以获得全身各方位的断层像，对心脏、脑部及肿瘤疾患的诊断尤为精准。

原子钟是利用激光束下的原子振动测量时间的，每隔 5 千万年才会产生 1s 误差。尽管如此，科学家们依然想提高精度。于是，镥元素登场了。新加坡量子技术中心的研究人员称，相较于铯元素和铷元素，镥元素能够提供更高的稳定性和精确度。这有助于我们探索太空、追踪卫星，甚至使时区保持同步。

在钇铝石榴石中掺杂镥，可以改善它的激光性能和光学均匀性；钽酸镥是 X 射线荧光粉的理想材料；镥-177 是一种人工合成的放射性核素，可以用于肿瘤的放射性治疗。

8.16 钇，用途广而不凡

在稀土家族中，钇在地壳中的丰度仅次于铈、镧、钕等轻稀土元素，远高于其他重稀土元素，它又是第一个被发现的，所以它也就理所当然地成为重稀土家族的“族长”。钇也是重稀土家族中用途最为广泛的一员。

金属钇是镁、铝、钛等有色金属的优良净化剂和改性添加剂。钇-镁合金拥有良好的高温力学性能和高温抗氧化性能，可用作航空、航天、家用电器和机器人的结构材料。

钇用作钢铁及有色金属合金的添加剂能够增强铁-铬不锈钢的抗氧化性和延展性。MB26 合金中添加适量的富钇混合稀土后，合金的综合性能得到明显的改善，可以替代部分中强铝合金用于飞机的受力构件上。高钇结构合金可用于航空和其他要求低密度和高熔点的场合。铝-锆合金中加入少量钇富集物，可提高合金的电导率；铜合金中加入钇可提高导电性和机械强度。

20 世纪 60 年代，以铕为激活剂，钇化合物为基质材料的红色荧光粉的诞生，使彩电显现出鲜艳亮丽的红色画面，更加逼真地再现五光十色的大千世界。

氧化钇与氧化铁混合可形成一种深红色晶体，应用在雷达里。

目前备受人们关注的掺钇锶-锆高温质子传导材料，对燃料电池和要求氢溶解度高的气敏元件的生产具有重要的意义。

20 世纪 80 年代，钇-钡-铜-氧高温超导材料的问世，引发了世界性稀土高温超导材料的研发热潮。2004 年，中国采用钇-钡-铜-氧高温超导薄膜研制成功了 CDMA（一种扩频多址数字式通信技术）移动通信用的高温材料滤波器系统，用于移动通信基站，信号损耗少，显著提高了基站的接收灵敏度，增强了抗干扰能力，改善了通话质量，扩大了基站的覆盖范围，增加了通信容量。

用功率 400W 的钕-钇-铝石榴石激光束可对大型构件进行钻孔、切削和焊接等机械加工。

钇可用于制造薄膜电容器和特种耐火材料，以及高压水银灯、激光、储存元件等的磁泡材料。

由钇-铝石榴石单晶片构成的电子显微镜荧光屏，荧光亮度高，对散射光的吸收低，抗高温和抗机械磨损性能好。钇铝石榴石透明陶瓷可作为人造钻石。

透明氧化钇陶瓷主要用于制作红外导弹的窗口、整流罩、天线罩，微波设备基板，绝缘支架，红外发生器外壳，红外透镜和高温窗等。钇-铝-氮化硅陶瓷材料可用来制造发动机部件。

最近研制成功的稀土超分子感光变色镜片引入了稀土镧、铈、钇，使镜片具有更快的呈色速率及退色速率，并可有较阻挡紫外光，有保护眼睛和减少视觉疲劳的作用。

此外，钇还用于耐高温喷涂材料、原子能反应堆燃料的稀释剂、永磁材料添加剂及电子工业中作吸气剂等。

8.17 钪，光明的使者

在稀土元素家族中，钪不像其他稀土成员那样彼此关系密切，常常表现为独来独往，仿佛是稀土家族中的另类。但它却有超强的才艺，为人类带来福祉。

钪进入人们的视野不过 140 多年，却差不多坐了 120 年的冷板凳，直到 20 世纪后期材料科学的蓬勃发展才给它带来了生机。到今天，连同钪在内的稀土元素都已经成为了材料科学中炙手可热的明星，在成千上万的体系中发挥着千变万化的作用，每天都会给我们的生活带来一些便利或惊喜。

钪用作金属卤化物电光源——钪钠灯给千家万户带来光明，从而钪被誉为“光明的使者”的称号。一盏相同照度的钪钠灯，比普通白炽灯节电 80%，使用寿命长达 5000~25000h。正是由于钪钠灯具有发光效率高、光色好、节电、使用寿命长和破雾能力强等特有的本事，因此被用于电视摄像和广场、体育馆、马路照明，被称为第三代光源（见图 8-11）。

图 8-11 含钪的光源

掺钪的高强高韧铝合金、新型高强耐蚀可焊铝合金、新型高温铝合金、高强度抗中子辐照用铝合金等，在航天、航空、舰船、核反应堆及轻型汽车和高速列车等方面具有非常诱人的开发前景。

钪-钛合金和钪-镁合金的熔点高、质量轻，通常只用于航天飞机和火箭等高端制造业中。钪用作高温钨-铬合金的添加剂，前途无量。

钪作为最好的阻挡金属被用于金属-绝缘体-半导体硅光电池和太阳能电池中，可以将洒落地面的光明收集起来，变成推动人类社会发展的电力。

钪-45 是钪的唯一的一种天然同位素。倘若将钪放在核反应堆中，让它吸收中子辐射，原子核中多一个中子的钪-46 就诞生了。这种钪-46 人工放射性同位素可以当作 γ 射线源或者示踪原子，也可以用来对恶性肿瘤进行放射治疗。

钇-镓-钪石榴石激光器的发射功率高，可用于反导弹防御系统、军事通信、潜艇用水下激光器及工业各领域。

掺钪铌酸锂晶体适合于制造参数频率选择器、波导管和光导开关。

钪的倍半亚硫酸盐以其熔点高、空气中蒸发压力小的特点，在半导体应用上引起人们极大兴趣。钪作为激活剂用于电子阴极射线管，可大大增加热电子发射，提高电子管阴极寿命，从而适应当前显像管、显示管、投影管向高清晰度、高亮度、大型化方向发展的需要。

钪可用于制造高质量的铁基永磁材料和钪-钡-铜-氧系超导材料，其实验临界温度达到 98K；可用于氟化钪玻璃，制作光谱中红外区光导纤维及用作高强度、耐高温的工程陶瓷材料氮化硅的增密剂和稳定剂。

在化学工业上，用钪化合物作酒精脱氢及脱水剂，生产乙烯和用废盐酸生产氯时的高效催化剂。

因为钪的价格高昂，所以考虑到成本，在工业产品里很少会用到很大数量钪或钪的化合物。而在更多一些领域，钪及其化合物更是被作为神奇的调料使用，好像大厨手中的盐、糖或味精，只需要一星半点，就能起到增色调味的作用。

后　　记

我的文字虽平淡无奇，但我力求写出心灵深处对稀土的挚爱，写出稀土世界的神奇和美妙。为此，在内容上力求写稀土的珍奇、稀土的知识、稀土的人、稀土的……一切以真实稀土为根本，并且想努力使通篇始终贯穿着普及科学知识、传播科学思想、倡导科学方法、弘扬科学探索精神的理念。

为使读者更好地了解稀土，热爱稀土，试图用朴实的文字和精美的图片展示出我们对稀土的雄姿美韵和神秘意境的用心领略，又有对稀土伟业之雄浑博大的感叹，还有对稀土技能之丰富多彩的惊奇，更能增添稀土原有魅力的诱惑性，但愿读者朋友们也会有同感；也会觉得这遥远的稀土世界已不再遥远，而神秘的稀土则更加神秘，更加诱人，进而会自觉不自觉地对稀土更加亲近，更加敬仰。

通过这本书，希望读者朋友能同我们一样，对五彩缤纷的稀土世界有一个整体的了解：数量之多应属稀土，技能之长应属稀土，彩色之美应属稀土，应用范围之广也应属稀土。愿您会同我们一样惊叹：稀土真不愧为工业之“维生素”，真不愧为农业之增产素，真不愧为军事领域之“黄金”，真不愧为高科技功能材料之母，真不愧为民生之瑰宝。但愿本书成为每一个喜欢它的人透视变幻莫测神秘意境的窗口，获取稀土科学知识的益友，了解稀土奥秘的高地，感受稀土魔力刺激的绿洲。

读者朋友，读过这本书后，如果您是作家，我希望您会想到要为稀土书写美妙的篇章；如果您是画家，我希望您愿为稀土精作长卷；如果您是诗人，我希望您将为稀土作恢宏的赞美诗篇；如果您是音乐家，我希望您会想到要创作一首响彻寰宇的稀土交响乐曲；如果您是制片人，我希望您的脑海中会产生一个成百上千集的稀土系列片的计划；如果您是教育家，我希望您会想到要把本书的某些章节编入爱国主义的教科书中，以激起更多的青年学生对稀土的无限热爱，也激发他们探求稀土奥秘的兴趣，或许会有不少人因此而热爱上自然科学，热爱上科学探索事业并投身其中……

稀土世界，是一个五光十色、精彩纷呈、充满乐趣的世界；是一个和高科技密切相关的世界；是一个值得科迷们翱翔、漫游和细细品味的世界；更是一个立志于科学事业的人值得发挥聪明才智、大展身手的世界！但愿您能在本书的引导下，多角度、全方位认识稀土。并且欢迎广大读者，尤其是青年朋友加入神奇的稀土科学世界中来，实现你们的“稀土梦·中国梦”。

李良才

2023 年 7 月